OLÁH Tímea Katalin

A jákópapagáj (Psittacus erithacus) ex situ védelmének kérdései

OLÁH Tímea Katalin

A jákópapagáj (Psittacus erithacus) ex situ védelmének kérdései

Az ismeretterjesztés és szemléletformálás szerepe az élőhelyen kívüli fajvédelemben

GlobeEdit

Imprint

Cover image: www.ingimage.com

Publisher:
GlobeEdit
is a trademark of
Dodo Books Indian Ocean Ltd. and OmniScriptum S.R.L publishing group

120 High Road, East Finchley, London, N2 9ED, United Kingdom
Str. Armeneasca 28/1, office 1, Chisinau MD-2012, Republic of Moldova, Europe
Printed at: see last page
ISBN: 978-620-0-64303-2

1. Tartalomjegyzék

2. Bevezetés és célkitűzések

Kiváló hangutánzó képessége és intelligenciája miatt a jákópapagáj világszerte az egyik legnépszerűbb papagájfaj, gyakran tartják társállatként. A faj iránti hatalmas kereslet ösztönzi mind a legális, mind pedig az illegális kereskedelmet annak ellenére, hogy 2007 óta tilos a vadon fogott madarak behozatala az Európai Unióba, 2017. január 1-jétől pedig a CITES I. függelékébe sorolták, ami azzal jár, hogy tilos lett a faj kereskedelmi célú befogása az élőhelyén. További komoly gondot okoz a jákópapagájok élőhelyének, a Kongó-medence és Nyugat-Afrika trópusi erdeinek az egyre rohamosabb pusztulása, ami az ott folytatott mezőgazdasági és ipari tevékenységek és az urbanizáció következménye. Jogosan merül fel tehát a kérdés, miként lehet még jobban visszaszorítani a faj vadon fogott példányai iránti keresletet, valamint a már fogságban tartott populációk hogyan tarthatók fenn és tenyészthetők hosszú távon újabb vadon fogott madarak nélkül, hogyan segítheti elő a vadon élő populációk védelmét a fogságban tartás és tenyésztés, valamint a célzott szemléletformálás, ismeretterjesztés.

Célkitűzések

A fentiek alapján az alábbi kérdésekre keresem a választ:

- A Magyarországon fogságban tartott jákópapagájoknál milyen viselkedési problémák jelentkeznek és ezek milyen okokra vezethetők vissza?
- Ezek a problémák mennyire ismertek a nagyközönség körében?
- Milyen területeken szükséges további ismeretterjesztés, szemléletformálás a nagyközönség és a papagájtartók, papagájtenyésztők körében?
- Mely eszközök a legalkalmasabbak az ismeretterjesztésre és a szemléletformálásra?
- Vajon a magyar jogszabályok megfelelő keretet biztosítanak-e a faj védelmére, tartási, tenyésztési, állatjóléti szempontból?
- Az IUCN és a magyar hatóságok nyilvántartásaiból kinyerhető adatok alapján milyen következtetések vonhatók le?
- Hogyan lehet nyomon követhetővé és vadon fogott példányok nélkül fenntarthatóvá tenni a fogságban tenyésztést?

E célok elérése érdekében a következő módon jártam el:

1. Lekértem a CITES magyarországi irodájától (Agrárminisztérium Biodiverzitás- és Génmegőrzési Osztály) a nyilvántartási adatokat (hány jákópapagáj szerepel a nyilvántartásban, ebből hány vadon fogott és hány fogságban született, a fogságban születettek közül hánynak mindkét szülője vadon fogott, hánynak egyik szülője vadon fogott és hánynak mindkét szülője fogságban született).
2. Személyesen látogatást tettem az ausztriai Vösendorfban működő ARGE Papageienschutz papagájmenhelyen (http1) és adatokat gyűjtöttem az ott tartott jákópapagájokról.
3. Statisztikát készítettem a CITES nemzetközi nyilvántartása alapján a magyarországi export és import alakulásáról.
4. Összeállítottam egy általános kérdőívet a papagájokról. Az ebben szereplő kérdések egy része a nagyközönség papagájokra vonatkozó általános ismereteit vizsgálta, másik része pedig közvéleménykutatás volt.
5. Összeállítottam egy kifejezetten jákópapagájt tartóknak és tenyésztőknek szóló kérdőívet. Ebben a kérdőívben szintén voltak általános ismeretekre, valamint a válaszadók véleményére vonatkozó kérdések, azonban itt konkrét adatokat is kértem a tartott madarakról, hogy legalább részben képet kapjak a magyarországi jákópapagáj állományról.

3. Szakirodalmi áttekintés

Óvatos becslések szerint 13,6 millió faj létezik napjainkban a Földön melyek közül 1,75 millió élő szervezetet írt le a tudomány. A Természetvédelmi Világszövetség szerint a ma ismert fajok 27%-át, vagyis több mint 28.000 fajt veszélyeztet a kihalás. A kétéltűek 40%-a, az emlősök 25%-a, a madarak 14%-a, a cápák és ráják 30%-a, a korallok 33%-a, a rákok 27%-a, a tűlevelűek 34%-a tűnhet el végleg (http2). E folyamatok fényében egyre nagyobb jelentőséggel bír a globális szintű, átfogó együttműködés, mind az *in situ*, mind pedig az *ex situ* fajvédelem terén.

A papagájok (*Psittaciformes*) a madarak leginkább veszélyeztetett csoportja. Az IUCN besorolása alapján az összes ismert, 398 papagájfaj közül 16 kihalt (EX), 16 kritikusan veszélyeztetett (CR), 36 veszélyeztetett (EN), 56 pedig sérülékeny (VU) (http2). A papagájok Vörös Lista indexe alacsonyabb (a kihalás veszélye összességében magasabb!), mint más hasonló madárcsoportok esetében. A papagájokat a természetes élőhelyeiken a nemzetközi védelem (IUCN) ellenére is leginkább veszélyeztető tényezők közé tartozik az orvvadászat, az illegális kereskedelem és az élőhelyeik pusztulása, a helyi szabályozások komoly hiányosságai, az ellenőrzés elmaradása, a helyi lakosság érdekeltté tételének a hiánya miatt (http2).

3.1. A vizsgált faj – jákópapagáj (*Psittacus erithacus*) – bemutatása

3.1.1. Rendszertani besorolás

A jákópapagáj a madarak (*Aves*) osztályán belül a papagájalakúak (*Psittaciformes*) rendjébe, a papagájfélék (*Psittacidae*) családjába, és a *Psittachus erithacus* nemzetségbe és fajba tartozik (Linnaeus, 1758). Nincsenek jelentős különbségek a nemek között, ivarérett egyedeknél a fejforma nyújthat támpontot (lásd az 5. ábrát), de teljes biztonsággal csak DNS vizsgálat vagy endoszkópia segítségével állapítható meg az egyedek neme.

1. ábra: A hím és a tojó egyedek közötti különbségek (Forrás: http3)

A CITES Standard Reference for birds (Dickinson, 2003) két alfajt ismer el, melyek a timneh jákó (*P. e. timneh*) és a kongó jákó (*P. e. erithacus*), a BirdLife International (2015) viszont külön fajként kezeli őket (1. és 2. fotó).

1. fotó: Kongó jákó
A fotót készítette: Oláh Tímea

2. fotó: Timneh jákó (ARGE Vösendorf)
A fotót készítette: Oláh Tímea

3. fotó: Rozi és Loló, saját jákópapagájok
A fotó készítette: Téri Eszter

3.1.2. Morfológiai jellemzők

A tollazat összességében halványszürke, a farktollak és a farok fedőtollak élénkpirosak (*P. e. erithacus*) vagy gesztenyebarnák (*P. e. timneh*), a csőr fekete (*P. e. erithacus*) vagy csontszínű (*P. e. timneh*), az írisz sárga, a láb sötétszürke (1. és 2. fotó). A kifejlett egyedek hossza 33 cm, a súlyuk pedig 400 g (Forshaw, 1998).

3.1.3. Természetes élőhely és földrajzi elterjedés

A faj földrajzi elterjedése a következő országokat érinti: Angola, Burundi, Kamerun, Közép-Afrikai Köztársaság, Kongó, Kongói Demokratikus Köztársaság, Elefántcsontpart, Egyenlítői Guinea, Gabon, Ghána, Kenya, Nigéria, Ruanda, Sao Tome és Principe, Tanzánia, Uganda, Benin, Togo (http4). A nyugat-afrikai alfaj, a *P. e. timneh* több, egymástól elszigetelt populációja él Bissau- Guineában és foltokban maradt fenn Guinea felső és dél-keleti részein, Sierra Leonéban, Libériában, valamint Elefántcsontpart dél-nyugati részén. A *P. e. erithacus* eredeti elterjedése Elefántcsontpart dél-keleti területeitől Ghánán, Togón keresztül Nigériáig, a Kongó-medencéig és Ugandáig és Kenyáig. Az elterjedési területén belül foltokban fordul elő, mivel számos területen csökken a populációk létszáma és helyileg kihalt (2. ábra).

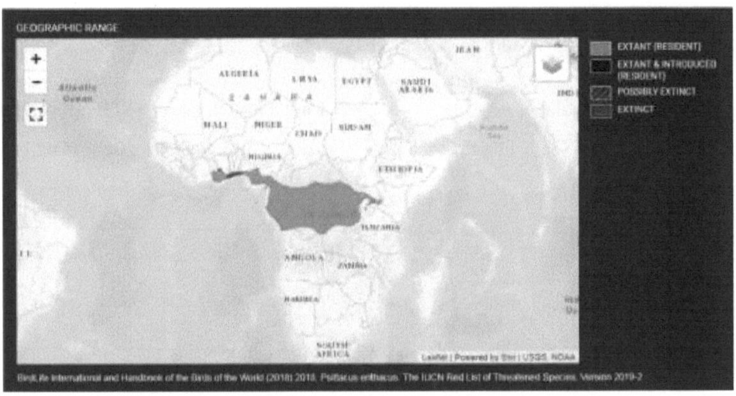

2. ábra: A jákópapagáj földrajzi elterjedése 2019-ben (Forrás: http4)

A nyugat-afrikai jákópapagáj populáció nagysága becslések szerint 40.000-100.000 egyed, a közép-afrikai populáció létszáma ugyanakkor jóval magasabb. A teljes populáció létszáma az elterjedési területén pedig 0,56-12,7 millió egyedre tehető. Nehezen számszerűsíthető az eltűnés mértéke, de tekintettel a vadon élő madarak kereskedelmi céllal történő nagyszámú befogására és a faj elterjedési területének bizonyos részein az erdők rohamos eltűnésére, három generáció (47 év) alatt a populáció létszámának a csökkenése 50-79% között várható (http4, http5, http6, http7).

3.1.4. Biológiai sajátosságok

Más ugyanilyen méretű papagájokhoz hasonlóan az afrikai szürkepapagáj is lassú életmenetű, hosszú ideig él és alacsony a reprodukciós rátája.

A faj egyedei magvakkal, csonthéjasokkal és egyéb gyümölcsökkel, bogyókkal táplálkoznak és naponta jelentős távolságot tesznek meg, valószínűleg fontos szerepet töltenek be a növények magvainak a terjesztésében. Táplálkozása miatt, valamint mivel odvakban, üregekben költ, a faj élőhelye az egész éven át táplálékot biztosító nagy fák diverzitásához valamint a költőhelynek alkalmas, nagy természetes üregekhez kötött (http2).

4. fotó: Jákópapagájok a természetes élőhelyükön - A fotót készítette: Elaine Henley

3.1.5. Nemzetközi helyzet, vadonfogás, fajvédelmi program, illegális kereskedelem, Európába irányuló kereskedelem - Áttekintés

1975 óta összesen 1,3 millió példányt exportáltak az elterjedési területén fekvő országokból a hivatalos adatok szerint, így a CITES listás papagájok között a faj kereskedelme az első helyen áll és egyúttal az Afrikából leggyakrabban exportált faj (Bush et al., 2014). Az állatkereskedelem nagymértékben hozzájárult a vadon élő populációk megfogyatkozásához.

Az IUCN Vörös Listáján veszélyeztetett kategóriába tartozik a faj. 2017. január 1-je óta az élőhelyén tilos a vadon fogása és a vadon fogott példányok nemzetközi kereskedelme.

Az Egyesült Államok 1995-ben tiltotta be a vadon fogott jákópapagájok importját. Az Európai Unió 2007 óta tiltja a vadon fogott példányok behozatalát (a madárinfluenza miatt a vadon fogott madarak behozatalának általános és teljes tilalma, amelyet azóta sem oldottak fel). Mindezek ellenére a fogságban tenyésztés üzletága virágzik, és valószínűleg hozzájárul a vadon élő populációk eltűnéséhez (http7, http8).

Az IUCN szerint ugyanakkor az elmúlt 30 évben a faj sikeresen és nagy számban szaporodott fogságban és az Egyesült Államok, az EU és Dél-Afrika piaci igényei kielégíthetők a jelenleg fogságban tenyésztett madarakkal (Rev. CoP15).

Az elterjedési területén a fajt vadásszák is bozóthús céljára, valamint a madarak különböző részeit (fej, láb, farktollak) az orvoslásban és fétisként pedig a fekete mágiában alkalmazzák (http2) Kamerunban, Nigériában, Ghánában, Togóban és Beninben. Azonban az ilyen célú kereskedelem valószínűleg elhanyagolható a nemzetközi állatkereskedelemhez képest.

A jákópapagáj az egyik legnépszerűbb kedvtelésből tartott madár Európában, az Egyesült Államokban és a Közel-Keleten, mivel hosszú ideig él és kiválóan utánozza az emberi beszédet és más hangokat. A vadon élő madarak iránti kereslet Kínában is növekszik és a kínai üzleti befolyás erősödésével (főként a bányászatban, az olajiparban és a fakitermelésben) Közép-Afrikában növekedhet a faj illegális exportja (Maisels, 2006; Rainer, 2006). 1982 és 2001 között a két alfajból (nagyrészt *erithacus*), összesen 1,3 millió vadon fogott példány került a nemzetközi kereskedelembe (UNEP-WCMC, 2016), és figyelembe véve, hogy a legális kereskedelembe kerülést megelőző elhullás mértéke 30-66% (Fotso, 1998; McGowan, 2001; Hart, 2013), a befogott példányok száma vélhetően jóval magasabb volt (Martin et al., 2014; Martin, 2016), hozzávetőleg 2,1-2,5 millió egyed 1975 óta.

Az illegális nemzetközi kereskedelem mértékét jóval nehezebb számszerűsíteni (Martin, 2016). A jákópapagájokkal nagymértékű illegális kereskedelem folyik, amelyet akár legális kereskedelemként is álcázhatnak (hamis vagy megtévesztő CITES okmányokkal) vagy illegálisan szállítják a madarakat, vagy akár meghamisítják a madarak egyedi azonosítóját, hogy a vadon fogott példányok fogságban születettnek tűnjenek. A nemzetközi illegális állatkereskedelem elemzéséből az derült ki, hogy a jákópapagáj fordul elő leggyakrabban az illegális esetekről készült jelentésekben. Jelenleg is évente mintegy 18.000 példányt fognak be illegálisan a KDK-ban és ezeknek a vadon fogott jákópapagájoknak a nagy része valószínűleg elpusztul a szállítás során. Az elmúlt években a faj elterjedési területéhez tartozó több ország (pl. Kamerun és KDK) jelentette be nagy mennyiségű fogságban tenyésztett (CITES 'C' eredetkód) példány exportját annak ellenére, hogy ezekben az országokban nem ismert tenyésztő létesítmény (http2, http7).

A jákópapagájok Magyarországot érintő illegális kereskedelmével összefüggésben külön megemlítendő, hogy 2014 decemberében 114 jákópapagájt koboztak el bolgár állampolgároktól, a román-magyar határon Magyarországra történő belépéskor (http2).

A CITES számos alkalommal felülvizsgálat a fajjal folytatott kereskedelmet és ez a többi kereskedelmi korlátozással együtt a faj nemzetközi kereskedelmének a csökkenéséhez vezetett (Martin, 2016) továbbá a fajt átsorolták a CITES I. függelékébe (http2).

3.1.6. Kognitív és kommunikatív képességek és viselkedés

Irene Pepperberg 25 éven át tanulmányozta az Alex nevű jákópapagáj kognitív képességeit. Ennek során megtanította az angol nyelv jelentés szerinti használatára (pl. tárgyak, színek[1], formák, kategóriák, mennyiségek megnevezése, a nincs fogalma). E kísérletek során kimutatta, hogy az Alex nevű jákópapagáj kognitív képességei elérték a tengeri emlősök, a főemlősök és esetenként egy 4 éves gyerek képességeit (Pepperberg, 1999). Nem az állatkísérletekben megszokott feladatok elvégzésével igazolta Pepperberg e képességeket, hanem szóban feltett kérdésekkel és az azokra szóban adott válaszokkal, ami azt bizonyítja, hogy az evolúciós távolság és a madáragynak az emlősökétől igen eltérő szerkezete ellenére meglepő kommunikációs párhuzamok állnak fenn a jákópapagájok és a kisgyerekek között (Pepperberg, 1994, 1999, 2005).

Közismert, hogy amikor egy állat viselkedési igényei nem teljesülnek, akkor hajlamossá válik a viselkedési problémákra (Engebretson, 2006). A társállatként tartott papagájoknál jelentkező viselkedésproblémákkal számos cikk és kutatás foglalkozik, ugyanakkor e problémák kiváltó okai, valamint az alkalmazott viselkedéselemzési módszer használata is vitatottak. A legáltalánosabb viselkedésproblémák közé tartozik a tolltépés (a madár saját tollát vagy másik madár tollát kitépi), öncsonkítás, fóbiás viselkedés, agresszió, kiabálás, sztereotip viselkedés (Glendell, 2008, http8).

Kifejezetten a fogságban tartott papagájokra jellemző az a jelenség, hogy a saját tollaikat kitépik, bár a vadon élő papagájok tollazatának állapota változó és esetenként előfordul, hogy egymás tollát kitépkedik. Azonban a fogságban tartott madaraknál tapasztalt önpusztító, öncsonkító viselkedés nem figyelhető meg a vadon élő papagájoknál. Úgy tűnik, hogy leginkább a magányosan, kalitkában, társállatként tartott papagájok hajlamosak erre a viselkedésre, a röpdében, fajtársak között élő papagájok pedig kevésbé mutatják ezt a fajta viselkedést. Ugyanakkor az önpusztító magatartás kiváltó oka lehet a papagájoknál a takarmányozás és egészségügyi probléma is, ezért minden esetben körültekintően ki kell vizsgálni azt a madarat, amelyiknél ez a probléma jelentkezik. (Glendell, 2008, http8).

Bár nem áll rendelkezésre túl sok részletes tanulmány a vadon élő papagájfajok viselkedésökológiájáról (Diamond és Bond, 1999, valamint Rowley, 1990), az ismert, hogy rendkívül szociális állatok, akik a nap nagy részét táplálékkereséssel töltik, naponta több mérföldet repülnek és rendszeresen ápolják egymás tollazatát (Birchall, 1990). A fogságban

---

[1] A színek felismerésére mindkét saját jákópapagájom is képes, a tojó 3, a hím pedig jelenleg 8 színt képes megkülönböztetni, egyelőre azonban csak egy korábbi videófelvétel áll rendelkezésre, amelyen a hím 3 színt különböztet meg, színes üdítőskupakok segítségével (http9).

tartott papagájok, azon túl, hogy nem gyakorolhatják az említett rendes, napi viselkedésformákat, egyéb, a madártartásban általánosan alkalmazott gyakorlatoknak is ki vannak téve, ami hozzájárul a frusztrált viselkedést kialakulásához. Ezek a hatások gyakran súlyos formában jelentkeznek a madarakon. E gyakorlatok közé tartozik a szülőktől való elválasztás (kézzel nevelés), az idő nagy részében kis ketrecben bezárva tartás, a repülés lehetőségétől való megfosztás, a szárnytollak visszavágásával és a magányos tartás (Glendell, 2008, http8).

A hibás bevésődés (kézzel nevelés) miatt kialakuló számos viselkedési probléma nem jelenik meg addig, amíg a madarak nem érik el a fiatal felnőtt kort. Vagyis a kézzel nevelés, vagy más kifejezéssel élve a szülőktől való elválasztás egy 2-5 évvel késleltetett, időzített bomba, amely viselkedési problémák formájában robban. Schmid et al. szerint ugyanakkor a kézzel nevelt papagájok hibás adaptációs viselkedésformái úgy tűnik, nagymértékben függenek attól, hogy az adott madár a szülőktől való elválasztást milyen mértékben és formában élte meg.

Ahhoz, hogy valódi előrelépés történjen a társállatként tartott papagájokkal való bánásmódban, számos „hagyományos" madártenyésztési gyakorlattal fel kell hagyni. Egyértelmű, hogy sok faj egyáltalán nem alkalmas a „társállatként" való tartásra. A kézzel nevelést helyett egyszerűen a papagájokra kellene bízni utódaik felnevelését, az evezőtollak megkurtítása pedig több módon is elkerülhető (lásd a papagájok tréningezése és freeflight). Létfontosságú az is, hogy a tulajdonosok megértsék, a madaraiknak szükségük van arra, hogy naponta több órát a ketrecen kívül töltsenek. Természetesen mindehhez először az embereknek kell változtatniuk a hozzáállásukon, ami hatalmas feladatot ró az állatorvosokra és a viselkedéskutatókra egyaránt (Glendell, 2008, http8).

Az abnormális repetitív viselkedés múltbeli vagy fennálló jóléti problémákhoz köthető és bizonyos fogságban tartott állatok, többek között madarak viselkedési repertoárjának szokványos eleme. Több száz fajhoz tartozó madarak millióit tartják fogságban, azonban jelenleg kevés ismeret áll rendelkezésre a különböző madárfajok abnormális repetitív viselkedéséről és e madarak egészségére gyakorolt határáról. A fiziológiai hajlam, a fiatal kori tartásmód, belső okok (neurotranszmitterek, hormonok, táplálkozási hiányosságok) valamint a környezeti tényezők is szerepet játszanak az abnormális repetitív viselkedés kialakulásában (Mellor et. al., 2017).

A tollazat károsítása és kitépése, mint kóros viselkedés, melyben a különböző eredetű tényezők (rendellenes bevésődés, kézzel nevelési technikák, izolált környezet, szexuális frusztráció) olyan viselkedési változásokat okozhatnak, amelyek növelhetik az önpusztítás közismert formáival azonos rendellenes viselkedés megjelenését (Costa et al., 2014).

Wedel (1999) szerint a tolltépős papagájok és nem tolltépős papagájok közötti különbség a kézzel nevelés időszakában lezajló bevésődési folyamatban rejlik. Különösen a szexuális bevésődés (később alakul ki, mint a szülői bevésődés) játszhat szerepet a pszichés eredetű tolltépés megjelenésében. A pszichés eredetű tolltépés gyakran az ivarérettség elérése után alakul ki. Lantermann (1989) elmélete szerint a pszichés alapon tolltépős papagájok pár hiányában átirányítják a szexuális viselkedésüket, vagyis ez a viselkedés a papagájok szexuális frusztrációjának a kifejeződése (a papagájoknál az emberre irányuló szexuális bevésődés valószínűleg a kézzel nevelés vagy az önállóvá válás időszakában alakul ki).

Fox (2006) szerint a rendellenes szexuális bevésődés és az ember iránti erős szociális preferencia viselkedési problémákat okozhat a kézzel nevelt papagájoknál, akik nagyobb valószínűséggel tanúsítanak nem megfelelő szexuális viselkedést a gazdájuk iránt és más papagájok jelenléte nem változtatja meg ezt a preferenciát.

A tolltépés előfordulásának gyakorisága a papagájoknál fajtól is függ, ezt McDonald Kinkaid 2013-ban végzett tanulmányában mutatta ki. A vizsgált fajok között a jákópapagáj a negyedik helyen áll a tolltépés előfordulásának a gyakorisága szempontjából.

A pszichés alapú tolltépésre Costa et. al. 2014-ben végzett tanulmányában a Parrot's Self-Damaging Neuroses (önpusztító papagájneurózis) elnevezést javasolja. Következtetései alapján a tolltépés a fogságban tartott papagájokhoz kötődő határozott patológiai állapot, nagyon valószínű, hogy a hibás környezeti ingerek, a rendellenes bevésődés, valamint a szexuális elégedettség és reprodukció hiánya vezet a betegség nagyobb arányú kialakulásához (3. ábra).

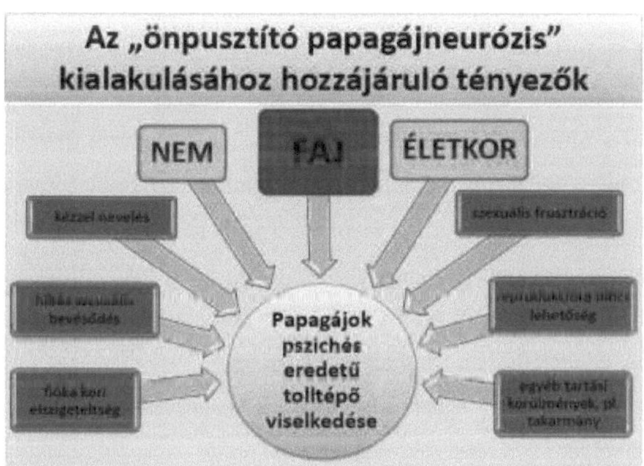

3. ábra: Az önpusztító papagájneurózis kialakulásához vezető tényezők összefoglalása (Oláh, 2019)

3.1.7. A fogságban tartott jákópapagájoknál jellemzően felmerülő viselkedési problémák

A fogságban tartott jákópapagájok elsősorban a következő viselkedési rendellenességekre hajlamosak: tolltépés, kiabálás, agresszió, öncsonkítás, sztereotip viselkedési formák. Megjegyzendő, hogy sok szerző szerint a pszichés eredetű tolltépés az afrikai szürkepapagájoknál (Psittacus spp.) és a Cacatua nemzetségben a leggyakoribb (Chitty 2003; Rosenthal et al. 2004; Garner et al. 2008; van Zeeland et al. 2009, 2013).

5. fotó: Tolltépős jákópapagáj – A fotót készítette: Elaine Henley

A jákópapagájok esetében a tolltépés az egyik leggyakrabban előforduló viselkedési probléma az állatorvosok praxisában. Ennek ellenére kevéssé ismertek az okai. Az Egyesült Királyságban, 9 állatorvosi praxisban végzett kutatás célja az ott nyilvántartott jákópapagájok (*Psittacus erithacus* és *Psittacus erithacus timneh*) és kakaduk (Cacatua spp.) körében a tolltépés előfordulásának a felmérése, valamint a gyakran feltételezett kockázati tényezők és e fajok tolltépése közötti kapcsolat feltérképezése volt. Azt mutatták ki, hogy a jákópapagájoknál a tolltépéssel erősen összefüggő kockázati tényezők közé tartozott a madár magasabb életkora, az ugyanannál a tulajdonosnál eltöltött hosszabb időtartam, a hosszabb alvásidő, valamint a tulajdonos évi két távolléte a madaraitól, amikor szabadságon volt és elutazott. Azonban azt az elméletet, mely szerint a tolltépés szexuális frusztráció eredménye is lehet, vagyis amikor a madárnak nincs párja, nem támasztotta alá a tanulmány, mivel a tolltépős madarak átlagéletkora az említett fajok ivarérési kora alatt volt és a tanulmányban vizsgált madarak 36,4%-ánál jelentkezett tolltépés 3 évesnél fiatalabb korban. Hasonló eredményről számoltak be a spanyolországi Loro Parque papagájgyűjteményében található madarakkal kapcsolatban is, ahol a 3 évesnél fiatalabb madarak 12-22%-ánál jelentkezett tolltépés (Clubb, et. al., 2008).

A tanulmány egyik legmeglepőbb eredménye az volt, hogy az 50 általánosan mért tolltépési kockázati tényező közül 45 (90%) nem bizonyult jelentősnek a jákópapagájoknál. Ez az eredmény kérdéseket vet fel azzal kapcsolatban, hogy mennyire ismerjük a tolltépés jelenségét és rávilágít arra, hogy helytállóbb bizonyítékokat kell gyűjteni e téren.

A tanulmányban azonosított jelentős kockázati tényezők és a tolltépés közötti ok-okozati összefüggést nem sikerült feltérképezni, ez további tanulmányok kiindulópontja lehet a későbbiekben. Másik lehetséges kutatási terület a kézzel nevelés és a papagájszülők általi nevelés szerepének a vizsgálata a tolltépő magatartás kialakulásában (Jayson, et. al., 2014).

6. fotó: Tolltépős jákópapagájok a vösendorfi ARGE papagájmenhelyen – A fotókat készítette: Oláh Tímea

A jákópapagáj ivaréréskor bekövetkező viselkedésváltozását Schmida et.al. (2005) tanulmányozta. Kimutatta, hogy azok a jákópapagájok, amelyeket részben szülők neveltek (legalább 8 hetes korukig nem választották el őket) felnőttként kevesebb viselkedésproblémával küzdenek, mint azok, amelyeket a kikelésüktől kezdve kizárólag kézzel neveltek. A kézzel nevelés miatt esetleg kialakuló viselkedési problémákon túl egyébként fizikai elváltozások, többek között oszteodisztrófia[2] is jelentkezhet (Harcourt-Brown, 2003, 2004).

Kézzel nevelt, szülők által nevelt és vadon fogott jákópapagájok (*Psittacus erithacus*) viselkedésbeli különbségeinek vizsgálata során, ahol a különböző kézzel nevelési módszerek szerint további csoportokra osztották a kézzel nevelt madarakat, arra voltak kíváncsiak, hogy a kézzel nevelési módszerek hogyan befolyásolják a papagájok viselkedését. A kapott

[2] A belső szervek elégtelen működése.

eredmények alapján a kézzel nevelt madarak agresszívebbek és szelektívebbek voltak az emberekkel szemben, mint a természetes módon neveltek. Ezenkívül a felnőtt, kézzel nevelt madarak gyakrabban koldultak táplálékot. Azok a kézzel nevelt fiókák, amelyeket 5 hetesnél fiatalabb korban vettek el a szüleiktől, gyakrabban mutattak sztereotip viselkedést, mint amelyek hosszabb ideig együtt maradtak a szüleikkel. A szondával táplált fiókák agresszívebbek voltak és gyengébb volt az egészségük, mint a fecskendővel vagy kanállal etetett társaiké. A vadon fogott madarak gyakrabban tépték a saját tollaikat, gyengébb volt az egészségük és gyakrabban alakult ki náluk fóbiás viselkedés, mint a fogságban született, szülők által vagy kézzel nevelt papagájoknál. (Ennek az a magyarázata, hogy a vadon fogott jákópapagájok rosszul viselik a fogságban tartást.) Összességében véve az eredmények azt mutatták, hogy a nevelési módszerek nyilvánvalóan befolyásolják a fogságban született jákópapagájok viselkedését. A kézzel nevelt papagájok nagyobb valószínűséggel váltak problémássá felnőtt korukban, mint a szülők által neveltek vagy vadon fogottak. Ugyanakkor bizonyos kézzel nevelési módszereket, úgymint a fecskendőből és a kanálból etetést gyakrabban kellene alkalmazni, mivel ezek kevésbé befolyásolják a madár felnőtt kori viselkedését, továbbá hosszabb ideig kellene a fiókáknak a fészekben maradniuk a szüleikkel és a kézzel nevelés alatt kevesebbszer kellene kapcsolatba kerülniük emberekkel (Scmida, et. al., 2006).

Tudományos érdekesség, hogy a szociális elszigeteltség telomerekre[3] kifejtett hatását a rendkívül szociális és magas fokú intelligenciával rendelkező jákópapagájoknál vizsgálták. A kutatás eredményei azt mutatták, hogy a kor előrehaladtával csökkent a telomerek hossza és a szociálisan elszigetelt jákópapagájok telomerjei jóval rövidebbek voltak, mint a párban tartottaké, azonos korú madarak esetén. Ez az első bizonyíték arra, hogy a szociális elszigeteltség hatással van a telomerek hosszára és ez alátámasztja azt az elméletet, hogy a telomerek biomarkerként jelzik a krónikus stresszhatást (Aydinonat, et. al., 2014).

3.2. A jákópapagájok tartása és tenyésztése jelenleg a világon és Európában, ezen belül Magyarországon

3.2.1 A jákópapagájok tartása és tenyésztése jelenleg a világon

Az IUCN szerint az elmúlt 30 évben a jákópapagáj sikeresen és széles körben szaporodott fogságban. 1985 és 2011 között a fogságban született jákópapagájok globális exportja, az afrikai államokat is beleértve, összesen 54.937 példány volt. A faj fogságban nevelése az Egyesült Államok és az EU piacain a keresletnek és az importőr ország jogszabályainak a

[3] Telomer: a kromoszómát alkotó DNS-szál két végén található rövid, többszörösen ismétlődő szakasz.

függvénye. Ugyanakkor az EU-ba illegálisan importált, lefoglalt vadon fogott madarak száma azt mutatja, hogy a vadon fogott madarak piaca továbbra is létezik, bár sokkal kisebb mértékű, mint 2006 előtt. A Dél-Afrikai Köztársaság a fogságban tenyésztett madarak legnagyobb exportőre a világpiacon, 2012-ben 42.000 példányt exportált CITES "C" kód alatt. A Dél-Afrikai Köztársaság 2017-ig, a faj CITES I. függelékbe történő átsorolásáig nagy mennyiségben importált vadon fogott madarakat, olcsó tenyészállomány céljából. Csak a KDK-ból lejelentett import rendszeresen túllépte az ország exportkvótáját. A faj elterjedési területén fekvő országokban jelenleg nincsen kereskedelmi méretű tenyésztés (http2, http7). A világ egyes részein, elsősorban Dél-Afrikában és a Közel Keleten a fogságban tenyésztés főként vadon fogott madarakból álló tenyészállományra épül. A tenyésztőnek olcsóbb, ha vadon fogott madarakat vásárol, és azokat tenyészti, mintha a nála születetteket tenyészti, mert ez utóbbiak csak több év elteltével válnak ivaréretté (http2, Dennison, 2004; Clubb, et al., 1992). Vagyis maga a fogságban tenyésztés is gerjeszti a vadon fogott madarak iránti keresletet (http9, http10, http11, http12, http13, http14, http15, http16).

A kereskedők kihasználják a kiskapukat azokban az országokban, ahol gyengébb a szabályozás, például Dél-Afrikában, Bahreinben, Pakisztánban és Mozambikban (Steyn, 2016). Egyértelmű, hogy az élőhelyen történő vadon fogás tilalma mellett a megoldás része a vadon fogott madarak iránti kereslet megszüntetése a fogyasztó országokban is, elsősorban a feltörekvő piacokon (http9, http10, http11, http12, http13, http14, http15, http16).

Jelölés és eredetigazolás

2016-ban a CITES, amely a ritka fajok nemzetközi monitorozását végzi, vitatott határozatot hozott a vadon élő jákópapagájok nemzetközi kereskedelmének a betiltásáról, mely alól csak „kivételes esetekben" lehet mentességet adni. A jákópapagájok külföldre történő értékesítéséhez azóta a tenyésztőknek a világon mindenhol igazolniuk kell a CITES ellenőrei felé, hogy a madaraik mind fogságban születtek és nem vadon fogottak.

A fogságban született madarakat fióka korban kötelező egyedazonosítóval ellátni, ami zárt tenyésztői gyűrű vagy a mikrocsip lehet

A gyűrűzésen és a chipezésen túl, kutatók több olyan nyomon követési módszeren is dolgoznak jelenleg, amelyek segítségével megállapítható, hogy egy madar vadon fogott, vagy fogságban született. Az egyik ilyen módszer génalapú és az eltérő genetikai profilokra a másik pedig a kémiai izotópok használatára épül (http10).

3.2.2 A jákópapagájok tartása és tenyésztése jelenleg Európában és ezen belül Magyarországon

Magyarországon nincsen nagyüzemi méretű jákópapagáj tenyésztés, vélhetőleg a legnagyobb tenyészállományok 8-10 párból állnak. Tekintve, hogy az egyik legnépszerűbb papagájfaj, nagy a piaci kereslet a kézzel nevelt szelíd példányok iránt, tenyésztők számára viszonylag jelentős bevételt tesz lehetővé (150-200.000 forint körül mozgott 2019-ben egy legális madár ára). A tenyésztők elsősorban a kézzel nevelési módszereket részesítik előnyben, mivel ily módon gyorsan lehet a piaci igényekre válaszolva szelíd madarakat tenyészteni, míg a háziasítás, például a szelídségre történő szelektálás révén sokkal bonyolultabb és időigényesebb folyamat lenne az eredménye pedig bizonytalan. Az illegális vadon fogott madarak kereskedelme is létezik még a mai napig is, az egyik fő bekerülési útvonal Törökországon keresztül vezet Európába. Azonban a vadon fogott példányokkal folytatott feketekereskedelem jóval kisebb, mint korábban (http16).

A 292/2008. (XII.10.) kormányrendelet alapján a jákópapagájokat Magyarországon kötelező egyedazonosítóval ellátni. A madarak tartási helyét és tulajdonosát be kell jelenteni a területileg illetékes kormányhivatal természetvédelmi osztályán és kizárólag CITES bizonyítvány vagy a 2017 előtt beszerzett madarak esetében tenyésztői bizonylat birtokában lehet tartani őket, az értékesítésük pedig kizárólag CITES bizonyítvány birtokában lehetséges (http17). E bizonyítvány az egyetlen követelmény e madarak beszerzésénél, semmilyen más elvárás nem vonatkozik a tulajdonosra (pl. szakmai képzés elvégzése, megfelelő tartási körülmények biztosítása stb.). A tenyésztői bizonylaton külön rovat van a példány nemének, szülei eredetének (vadon fogott vagy fogságban született) a feltüntetésére, de a CITES bizonyítványon csak a példány szüleinek eredetét tüntetik fel. Mivel a példányok ivarának a feltüntetése nem kötelező, így a nyilvántartás is pontatlan, arról nem is beszélve, hogy súlyos visszaélésekre is lehetőséget ad, ugyanis a tenyésztők számára nem kötelező a szaporulat nemének a bevizsgálása, ezt sokszor nem tüntetik fel a tenyésztői bizonylaton/CITES bizonyítványon sem a tenyésztők, sem az illetékes hatóságok (még akkor sem, ha a tulajdonos utólag bevizsgáltatta a madár nemét és külön kéri ennek az adatnak a feltüntetését!), ellenben ha valakinek két (akár azonos nemű!) bejelentett példány van a birtokában, a kormányhivatal automatikusan kiküldi számára a tenyésztési naplót, amit szintén a 292/2008. (XII.10.) kormányrendelet értelmében vezetni kell a szaporulatról.

Általánosságban elmondható, hogy a hatóságok számára terhet jelent a bejelentésköteles nagypapagájok nyilvántartásával járó adminisztráció, nem ismerik a fajok sajátosságait, a problémákat, a jogszabályok betartásának az ellenőrzése nem megoldott, nincs megfelelő kapacitás e feladatok elvégzésre, következésképp a nyilvántartás sajnos nem naprakész, fajonkénti bontásban nem tudnak adatokat szolgáltatni.

Jelöletlen jákópapagájt magánszemély nem tarthat, ezek a hatályos jogszabályok értelmében automatikusan állami tulajdont képeznek és kobzásukról valamint jellemzően állatkertben vagy vadasparkban történő elhelyezésükről a CITES magyarországi irodája rendelkezik (http17), de az ilyen kobzott példányok elhelyezése is gondot okoz, mivel általában speciális bánásmódot igénylő, hibás bevésődésű madarakról van szó (pl. Gomez nevű jákópapagáj, a Nagykovácsiban 2018-ban, illetve a Csepelen 2019-ben befogott jákópapagáj).

A magyar jogszabályok rendelkeznek a papagájok tartási körülményeiről is. A kedvtelésből tartott állatok tartásáról és forgalmazásáról szóló 41/2010. (II. 26.) kormányrendelet alapján nem forgalmazható az az állat, mely szülőjének gondoskodása nélkül nem képes önálló életre, melynek utóda nem képes önálló életre, kivéve, ha a szülőt és utódokat együtt értékesítik. Kézzel nevelt papagájfiókák esetében ez elvileg azt jelenti, hogy amíg a fióka nem képes önállóan táplálkozni, nem értékesíthető. Ugyanez a kormányrendelet kimondja azt is, hogy tilos gerinces állatot kör alapú kalitkában vagy gömb alakú akváriumban, gerinces állat kifejlett egyedét 30 liternél kisebb űrtartalmú térben tartani. Ennek alapján papagáj sem tartható kör alakú kalitkában. A 41/2010. (II. 26.) kormányrendelet 3. melléklete tartalmazza azt a rendelkezést, mely szerint madarak esetében a tartási terület szélessége a madár hosszánál, illetve szárnyfesztávolságánál legalább kétszer nagyobb kell, hogy legyen, de minimum 35 cm. A 3/2001. (II. 23.) KöM-FVM-NKÖM-BM együttes rendelet melléklete tartalmazza az állatkerti állatok minimális elhelyezési feltételeit, mely alapján a jákópapagájok esetében a következőket kell betartani: 1-2 madár esetén a külső röpde területe 8 m^2, térfogata 24 m^3, a belső röpde területe 4 m^2, térfogata 12 m^3, minden további egyed esetén pedig a külső röpde területét 2 m^2-rel a belső röpde területét pedig 1 m^2-rel kell növelni. Az állatkerti elhelyezésre vonatkozó méreteket érdemes általában figyelembe venni a madarak elhelyezésénél.

A következő részben a saját vizsgálataimat szeretném bemutatni, amely a vizsgálatok leírásából, az eredmények értékeléséből, a kapott eredmények alapján leszűrt következtetésekből és javaslatokból, valamint az összefoglalásból áll.

4. Anyag és módszer

4.1. A vizsgálat leírása

A következő kérdésekre kerestem a választ:

- A Magyarországon fogságban tartott jákópapagájoknál milyen viselkedési problémák jelentkeznek és ezek milyen okokra vezethetők vissza?
- Ezek a problémák mennyire ismertek a nagyközönség körében?
- Milyen területeken szükséges további ismeretterjesztés, szemléletformálás a nagyközönség és a papagájtartók, papagájtenyésztők körében?
- Mely eszközök a legalkalmasabbak az ismeretterjesztésre és a szemléletformálásra?
- Vajon a magyar jogszabályok megfelelő keretet biztosítanak-e a faj védelmére, tartási, tenyésztési, állatjóléti szempontból?
- Az IUCN és a magyar hatóságok nyilvántartásaiból kinyerhető adatok alapján milyen következtetések vonhatók le?
- Hogyan lehet nyomon követhetővé és vadon fogott példányok nélkül fenntarthatóvá tenni a fogságban tenyésztést?

E célok elérése érdekében a következő módon jártam el:

1. Lekértem a CITES magyarországi irodájától (Agrárminisztérium Biodiverzitás- és Génmegőrzési Osztály) a nyilvántartási adatokat (hány jákópapagáj szerepel a nyilvántartásban, ebből hány vadon fogott és hány fogságban született, a fogságban születettek közül hánynak mindkét szülője vadon fogott, hánynak egyik szülője vadon fogott és hánynak mindkét szülője fogságban született).
2. Személyesen látogatást tettem az ausztriai Vösendorfban működő ARGE Papageienschutz papagájmenhelyen (http1) és adatokat gyűjtöttem az ott tartott jákópapagájokról.
3. Statisztikát készítettem a CITES nemzetközi nyilvántartása alapján a magyarországi export és import alakulásáról.
4. Összeállítottam egy általános kérdőívet a papagájokról. Az ebben szereplő kérdések egy része a nagyközönség papagájokra vonatkozó általános ismereteit vizsgálta, másik része pedig közvéleménykutatás volt.
5. Összeállítottam egy kifejezetten jákópapagájt tartóknak és tenyésztőknek szóló kérdőívet. Ebben a kérdőívben szintén voltak általános ismeretekre, valamint a válaszadók véleményére vonatkozó kérdések, azonban itt konkrét adatokat is kértem a tartott madarakról, hogy legalább részben képet kapjak a magyarországi jákópapagáj állományról.

A kérdőíveket a Google kérdőívkészítő funkciója segítségével készítettem el és elsősorban a Facebookon, különböző madaras és papagájos csoportokban osztottam meg, valamint néhány személyes ismerősnek is elküldtem. A kérdőíveket eredetileg egy hónapon keresztül lehetett kitölteni, 2019. július 17. és augusztus 20. között, de a kutatás folytatása érdekében jelenleg is elérhetőek és kitölthetőek az alábbi linkeken: általános kérdőív – http18 jákópapagájos kérdőív – http19. A válaszadás teljesen névtelenül történt, személyes adatokat nem kértem a kitöltőktől, mivel azt reméltem, hogy a jákópapagájokra vonatkozó konkrét adatok megadására nagyobb a hajlandóság, ha azok nem köthetők személyhez. A kérdőívekbe beillesztett kvízkérdésekkel (amelyeket dolgozatomban nem elemeztem) több célom volt: egyrészt az, hogy a válaszadók számára érdekesebbé, élvezetesebbé tegyem a kitöltést, továbbá az ismeretterjesztés, a válaszadók gondolkodásra ösztönzése, papagájokkal kapcsolatos szemléletének megismerése és azon kérdések behatárolása, amelyek kapcsán további tájékoztatásra van szükség a nagyközönség körében.

5. Eredmények értékelése

CITES nyilvántartás

A CITES nemzetközi nyilvántartásából elérhető import és export adatok alapján egyértelműen látszik egyrészt, hogy a Magyarországra történő legális behozatal sokkal nagyobb volt, mint a legális kivitel, valamint, hogy 2007-től gyakorlatilag teljesen megszűnt a vadon fogott jákópapagájok legális behozatala (4. és 5. ábra) a vadon fogott madarak EU-ba történő behozatalának teljes tilalma miatt, amelyet a madárinfluenza elleni védekezés keretében vezettek be.

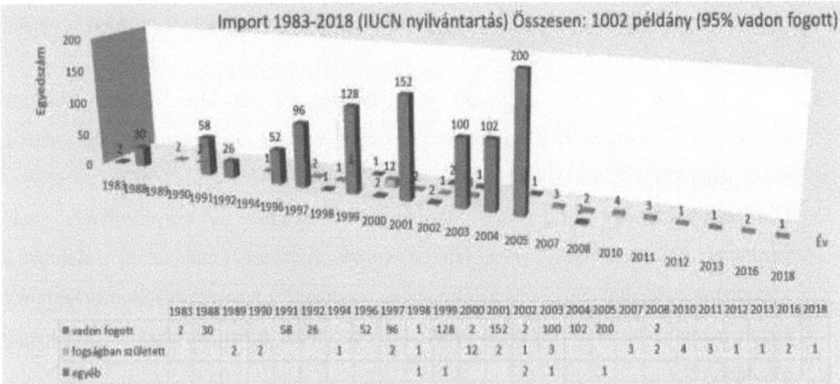

4. ábra: A jákópapagájok Magyarországra történő behozatalának alakulása 1980 és 2018 között

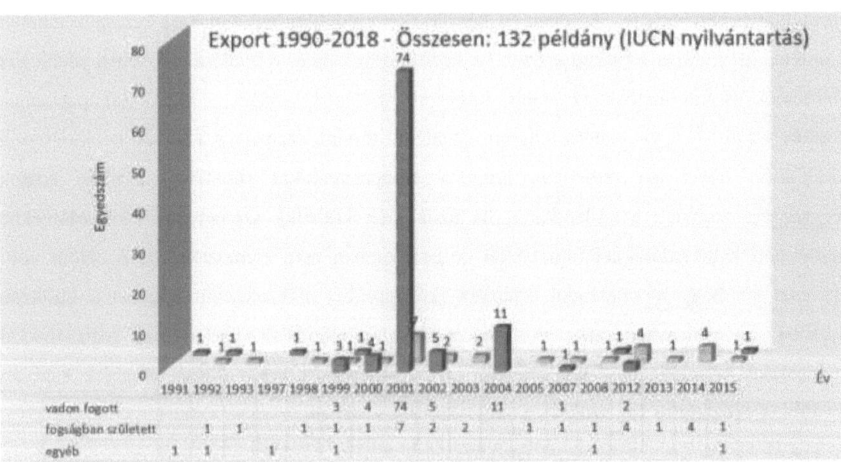

5. ábra: A jákópapagájok kivitelének alakulása 1990 és 2018 között

Azonban a CITES nyilvántartás adatai némiképp ellentmondásosak, mivel a román-magyar határon 2014-ben lefoglalt, 114 madárból álló illegális jákópapagáj szállítmány sehol nem jelenik meg a nyilvántartásban (4. és 5. ábra). Kérdés, hogy ezeknek a madaraknak mi lett a sorsa.

A jelenlegi magyarországi bejelentett példányok pontos száma sajnos nem ismert, az Agrárminisztérium nyilvántartásából kinyerhető adatokat (4117 nyilvántartott nagypapagáj, melyek többsége gyűrűzött és fogságban született) és a nemzetközi adatokat (bejelentésköteles fajok egyedszámainak megoszlása) összevetve hozzávetőleg 1600 legális státuszú jákópapagáj lehet az országban, melyek többségében fogságban születtek. Ez a szám egyébként rendkívül alacsonynak tűnik annak fényében, hogy 1980 és 2018 között összesen 1002 jákópapagájt hoztak be az országba, melyek 95%-a vadon fogott volt, míg 1990 és 2018 között összesen 132 jákópapagájt vittek ki Magyarországról, mivel a számok alapján 870 példány az országban maradt. Amennyiben az országban maradt 870 példánynak csak a harmadát vonták tenyésztésbe, a vadon fogott madarak magasabb mortalitási rátájával számolva is legalább 145 tenyészpárnak kellett maradnia az országban és ezek esetében csak évi két fiókával számolva évente mintegy 290 példánnyal kellett volna nőnie az állománynak, ami 2005 és 2018 között majdnem 4000 példány szaporulatot jelent. Ebben ráadásul nincsenek benne a már fogságban született példányok utódai. Elképzelhető tehát, hogy a minisztérium nyilvántartásáról kapott kimutatás pontatlan, vagy esetleg nagyon sok illegális státuszú jákópapagáj van jelenleg Magyarországon (és Európában), amelyek nem jelennek meg a hatósági nyilvántartásban.

Magyar nyilvántartás: 4117 bejelentésköteles nagypapagáj (több faj vegyesen)

- Gyűrű: 3610 - Chip: 507
- Fogságban született: 3439
- Szülők tenyésztettek: 3130
- Jákópapagáj: +/- 1600 ?

Eredetkód	Példányszám
„C" (szülők is tenyésztettek)	944
„F" (szülők nem tenyésztettek)	2495
„R" (tojásként v. fiókaként begyűjtött)	2
„U" (ismeretlen)	43
„W" (vadon fogott)	633
Összesen:	4117

6. ábra: A magyar nyilvántartásból kapott adatok részletes bontásban (Oláh, 2019)

A papagájokról szóló általános kérdőív (160 kitöltés)

4. kérdés

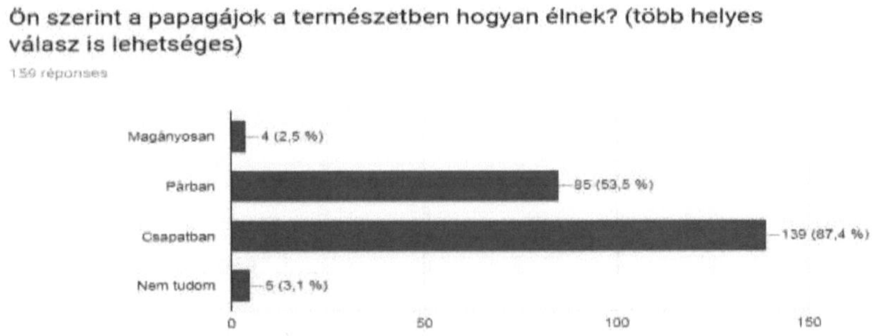

A többség helyesen tudta, hogy csapatban és párban. A magányos tartást ennek ellenére sokan nem tartják károsnak a papagájokra nézve.

9. kérdés

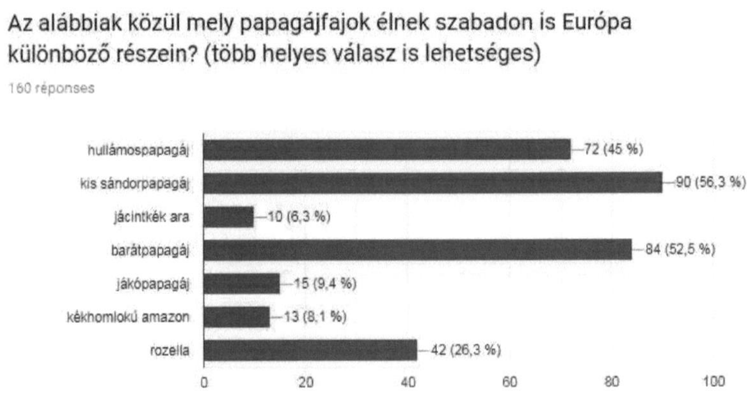

Nem ismert a nagyközönség körében, hogy mely fajok képesek megélni szabadon is Európában.

10. kérdés

Ezek a fajok Ön szerint jelentenek bármilyen veszélyt Európa őshonos faunájára és flórájára és/vagy a mezőgazdasági termelésre?

160 réponses

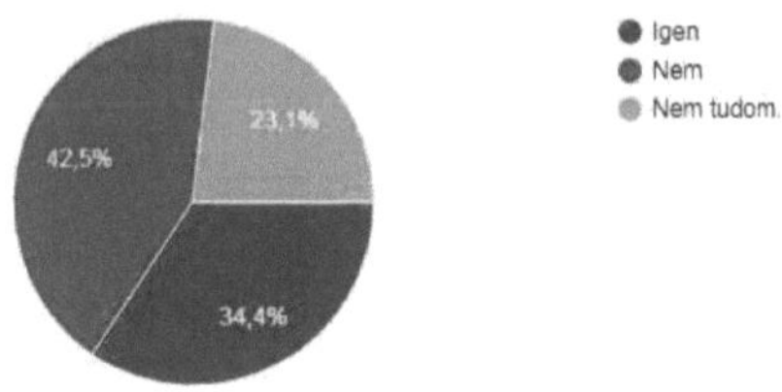

Ezen a téren mindenképpen ismeretterjesztésre van szükség, mivel nagyon kevesen vannak tisztában azzal, hogy milyen károkat okozhatnak a vadon élő papagájok és akár inváziós fajokká is válhatnak.

11. kérdés

Az alábbi madárfajok közül melyek háziasítottak?

160 réponses

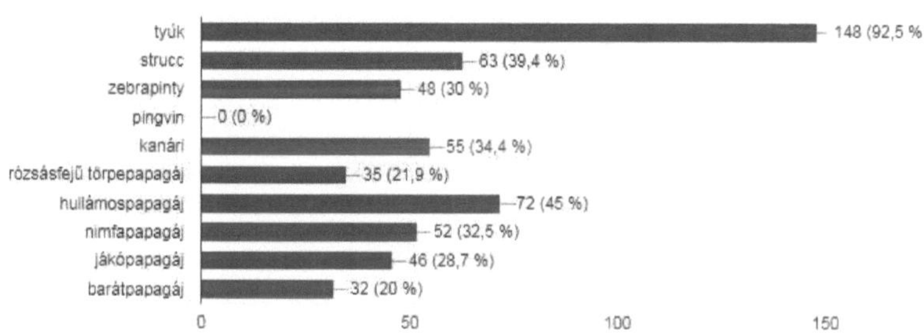

Mindenképpen ismeretterjesztés és szemléletformálás szükséges ezen a téren, mert a válaszadók jelentős része nincs tisztában a háziasítás fogalmával.

12. kérdés

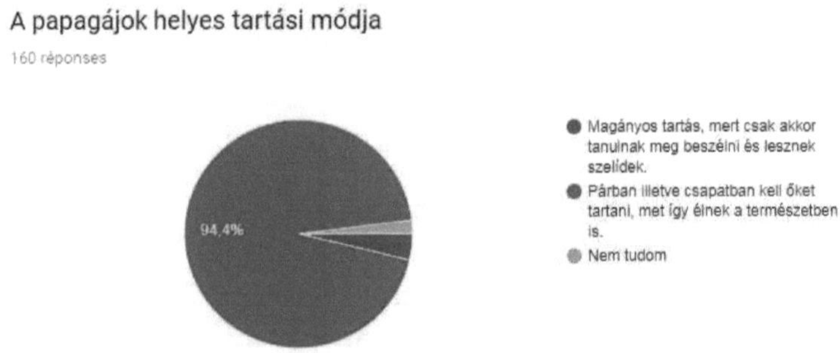

A papagájok helyes tartási módja: 94,4% szerint párban, illetve csapatban, ugyanakkor sokan nem tartják indokoltnak a jákópapagájok magányos tartásának a betiltását. Ezen a téren mindenképp szemléletformálás szükséges.

13. kérdés

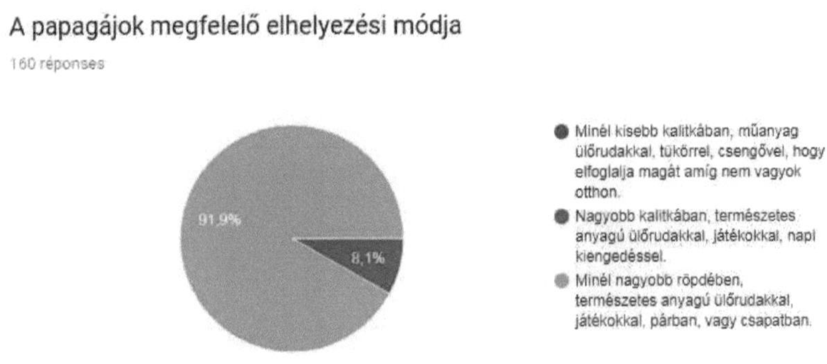

A papagájok megfelelő elhelyezése 91,9% szerint minél nagyobb röpdében, természetes anyagú ülőrudakkal, játékokkal, párban vagy csapatban. Érdekes, hogy ugyanakkor sokan nem tudták mekkora távolságot repül egy arapapagáj egy nap alatt.

14. kérdés

Mi a szerepe a hangutánzásnak a papagájoknál?

160 reponses

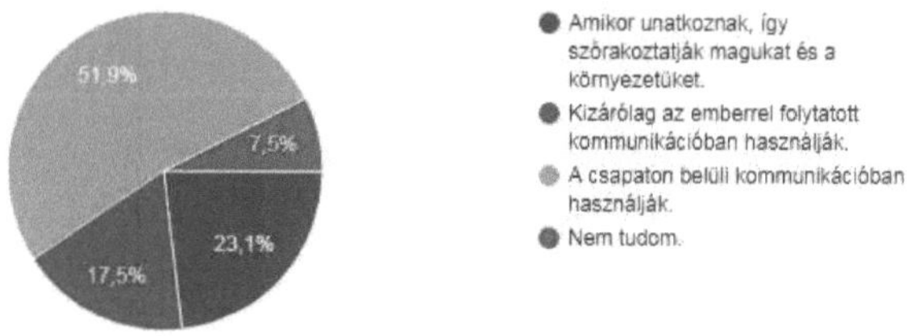

Mindenképpen ismeretterjesztés szükséges arra vonatkozóan, hogy a hangutánzás szerepe a papagájoknál a csapaton belüli kommunikáció.

17. kérdés

Ön szerint mi az oka a fogságban tartott papagájoknál a tolltépés jelenségének?

160 réponses

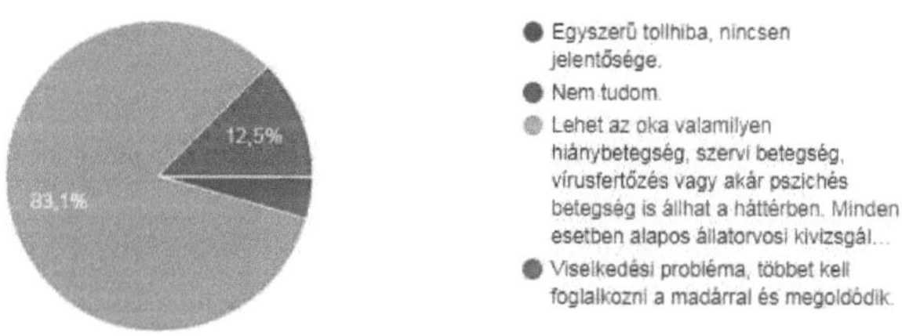

Bár 83,1% tudja, hogy a tolltépés sok okra vezethető vissza (betegség, fertőzés, pszichés okok) és minden esetben ki kell vizsgáltatni a madarat, bővíteni kell a papagájtartók erre vonatkozó ismereteit. A jákópapagájt tartók 82%-a adott ugyanilyen választ erre a kérdésre.

18. kérdés

A válaszok szintén azt erősítik meg, hogy a papagájok számára mérgező és nem mérgező növényekre, valamint a környezetgazdagításra felhasználható eszközökre vonatkozó ismereteket fejleszteni kell.

19. kérdés

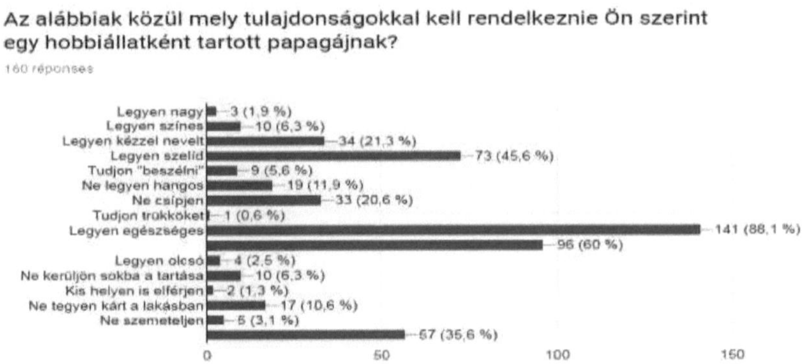

A hobbiállatként tartott papagáj tulajdonságaira vonatkozó kérdésre adott válaszok arra utalnak, hogy szélesebb körben ismertetni kell azt, hogy mivel jár a papagájtartás.

A jákópapagájt tartóknak és tenyésztőknek szóló kérdőív (50 kitöltés)

2. kérdés

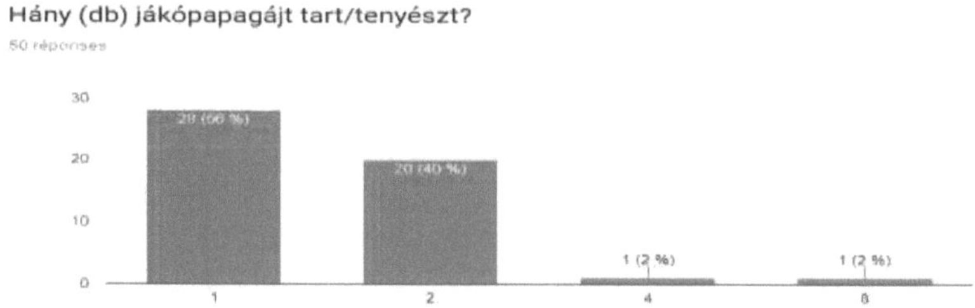

A válaszadók 56%-a (28 fő) 1 db jákópapagájt, 40% (20 fő) 2 db-ot 2% (1 fő) 4 db-ot és 2% (1 fő) 8 db-ot tart/tenyészt. Ez összesen 28 db magányosan tartott madár, 40 db párban tartott madár, 12 db csapatban tartott madár. Összesen 80 madár, melyek 65%-a párban vagy csapatban tartott. A magányos tartás káros hatásaival kapcsolatban mindenképp további ismeretterjesztés szükséges.

4. kérdés – A nemek megoszlása a 80 madár esetében közel egyenlő, 3 madár neme ismeretlen. Hím: 31 Tojó: 29 Ismeretlen: 3 Nem válaszolt: 17

5. kérdés - A válaszadók 52%-a azért tart jákópapagájt, mert szeretne hozzájárulni a faj védelméhez, 36% jelölte meg indokként, hogy jópofa madarak, 24% kedveli ezeket a madarakat és érdekli, hogyan élnek, 16% jelölte meg, hogy így nem érzi magát magányosnak, van kivel beszélgetni, 16% sérült, beteg elhagyott madarakon szeretne segíteni, valamint további 8% egyéb választ adott. A válaszok szintén arra utalnak, hogy további ismeretterjesztés és szemléletformálás szükséges a jákópapagáj fajjal és a tartásával kapcsolatban.

6. kérdés - A fogságban született madarak szüleinek eredetére vonatkozó kérdésre adott válaszok: mindkét szülő vadon fogott: 5 madár esetében; mindkét szülő fogságban született: 16 madár esetében; az egyik szülő fogságban született, a másik vadon fogott: 4 madár esetében, a szülőpár mindkét tagjának ismeretlen az eredete: 7 madár esetében; a maradék 48 madárra vonatkozóan nem válaszoltak a kitöltők, ami jelentheti azt is, hogy nem akartak válaszolni, de azt is, hogy ezek a madarak mind vadon fogottak.

7. kérdés

Tapasztalt-e az állományában található egy vagy több madáron viselkedési problémát vagy más rendellenességet?

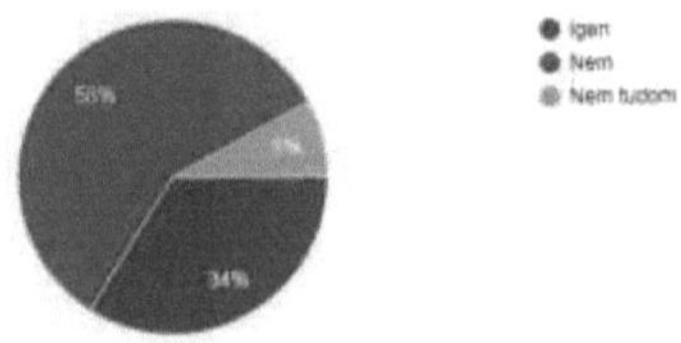

8. kérdés

Amennyiben tapasztalt viselkedési problémát vagy egyéb rendellenességet, ez miben nyilvánul meg?

22 réponses

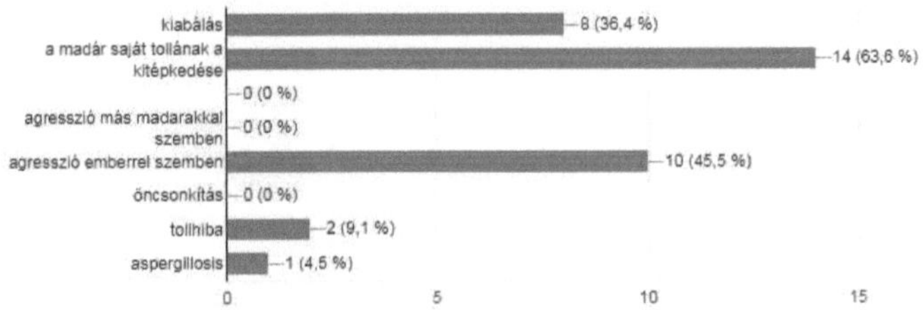

9. kérdés

Hány madarat érint ez a viselkedési probléma vagy egyéb rendellenesség?

22 réponses

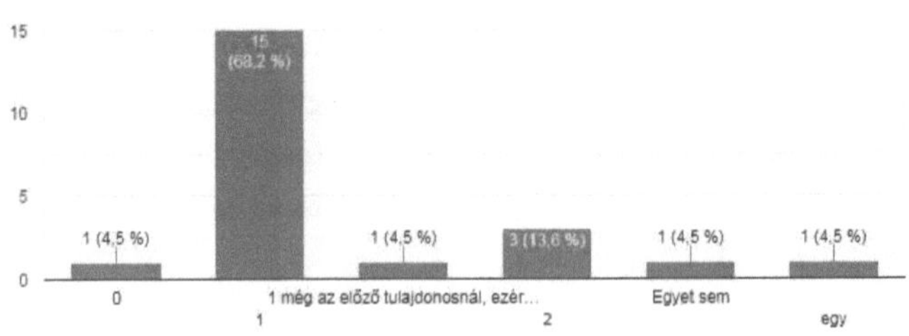

23 madarat érint a viselkedési probléma/rendellenesség, vagyis a 80 madár közel negyedét.

10. kérdés

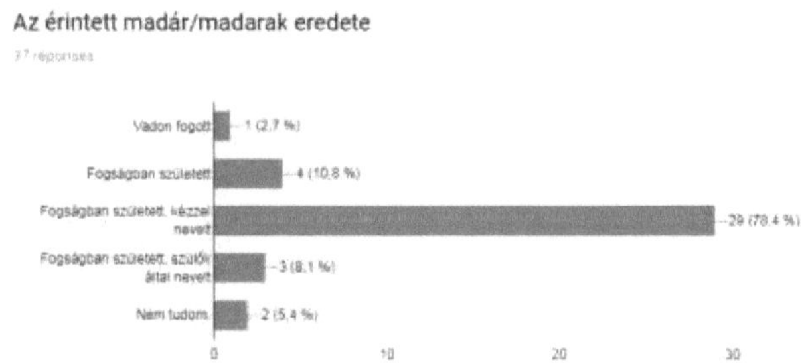

Az érintett madarak eredete: 78,4% fogságban született, kézzel nevelt.

11. kérdés

Ezek a válaszok (30% szerint elég egy szobai gurulós kalitka!) szintén arra utalnak, hogy a jákópapagájok tartására vonatkozó ismereteket fejleszteni kell.

12. kérdés

Jákópapagáj beszerzésekor milyen szempontok alapján választja ki a madarat vagy madarakat?

Lényeges szempontok: 56% legyen egészséges, 48% mindenképpen kézzel nevelt, szelíd madarat választ, 40% fiatal madár legyen, 16% jó tenyészmadár legyen, 8% fontos a madár neme, 4% szülők által nevelt legyen. A válaszok a kézzel nevelt, szelíd madarak iránti keresletet igazolják.

KIZÁRÓLAG TENYÉSZTŐKNEK SZÓLÓ KÉRDÉSEK

16. kérdés

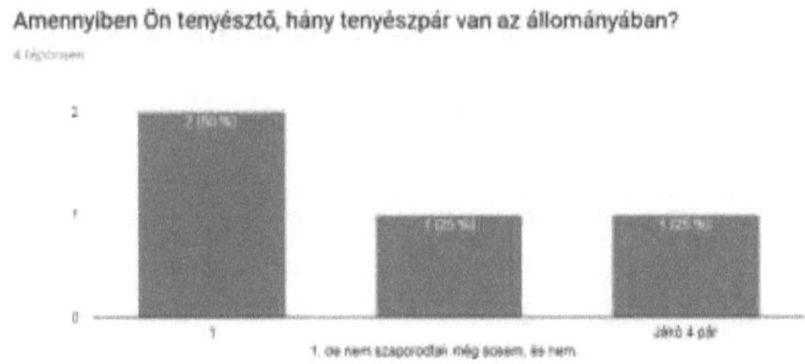

4 tenyésztőből 3-nál 1-1 tenyészpár van, 1-nél 4 tenyészpár, vagyis összesen 7 tenyészpárról szolgáltattak adatot.

17. kérdés – A jákópapagáj párok összetétele: mindkét madár vadon fogott 1 pár, a többi 6 pár mindkét tagja fogságban született.

19. kérdés - A tenyészpárok kialakításakor csak bevizsgált ivarú madarat vesz 2 tenyésztő, csak fogságban született madarakat vesz 1 tenyésztő, mindegy, hogy fogságban született vagy vadon fogott madarak 2 tenyésztőnek, az a lényeg, hogy párban legyenek egy tenyésztőnek.

20. kérdés

Milyen madarakra van a legnagyobb igény a jákópapagájt vásárlók körében?

A tenyésztők válaszai (100%) megerősítik a vásárlók által adott válaszokat, vagyis azt, hogy szelíd, kézzel nevelt madarakra van a legnagyobb igény a vásárlók részéről.

21. kérdés

A jákópapagájok tenyésztése során hogyan éri el, hogy a fiókák szelídek legyenek?

A tenyésztés során 3 tenyésztő a fiókák kézzel nevelésével éri el, hogy azok szelídek legyenek, 1 tenyésztőnek nem fontos, hogy szelídek legyenek. A kézzel nevelés következményeit, hatásait a fiókákra mindenképpen szélesebb körben terjeszteni kell.

24. kérdés

Hogyan élnek a jákópapagájok a természetben?

64% szerint csapatban, 32% szerint (helyesen) költés idején párban, egyébként csapatban élnek a jákópapagájok a természetben. Ugyanakkor a magányos tartás betiltását sokan nem támogatják.

26. kérdés

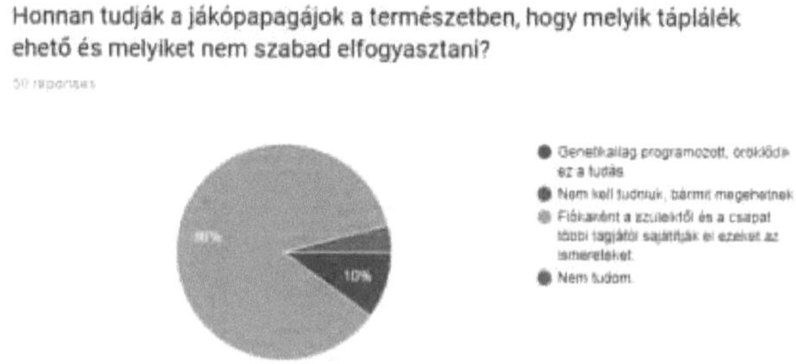

Bár 86% helyesen tudta, hogy a jákópapagájok fiókaként a szüleiktől és a csapat többi tagjától tanulják meg, hogy mi ehető és mi nem, további ismeretterjesztés szükséges ezen a téren.

27. kérdés

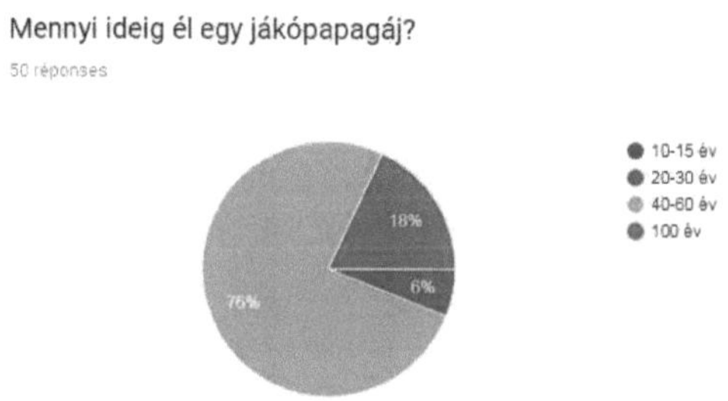

A jákópapagájok várható élettartama a faj tartási körülményei miatt lényeges, további ismeretterjesztés szükséges e téren annak ellenére, hogy a többség tudta a helyes választ.

29. kérdés

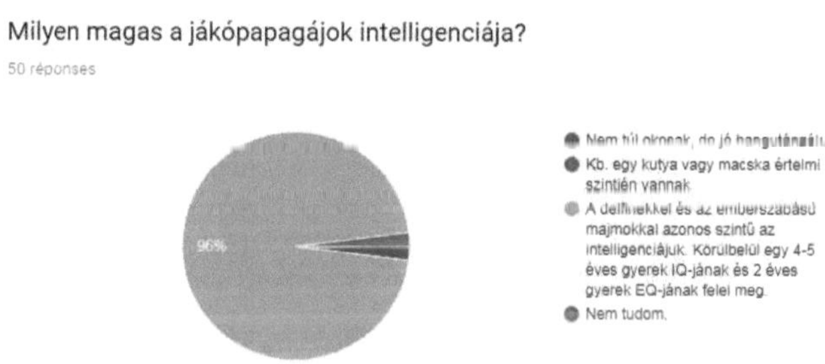

Bár a többség tudta, hogy a jákópapagájok intelligenciája rendkívül magas, de ennek az összefüggéseire vonatkozóan további ismeretterjesztés szükséges.

<u>31. kérdés</u>

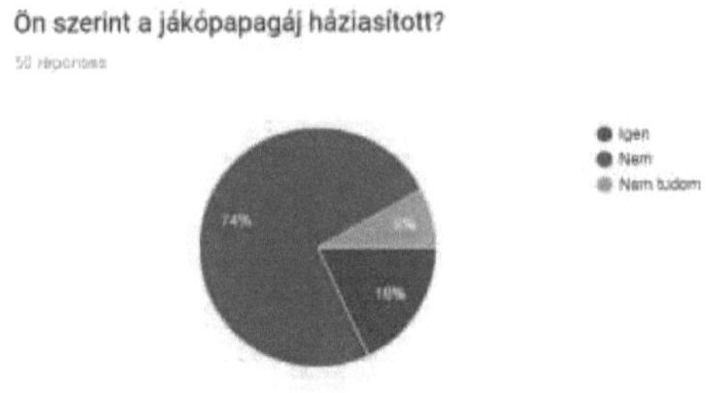

A többség (74%) tudta a helyes választ, de a háziasítás feltételeivel, kritériumaival kapcsolatosan további ismeretterjesztés szükséges.

<u>34. kérdés</u>

Melyik papagájfaj egyedei találhatók meg legnagyobb számban a papagájmenhelyeken Nyugat-Európában és Észak-Amerikában?

60% helyesen tudta, hogy a jákópapagájok vannak legnagyobb számban a papagájmenhelyeken, azonban a faj tartására és a jellemző problémákra vonatkozóan mindenképpen ismeretterjesztésre van szükség.

<u>36. kérdés</u>

A fajtársak felismerése a jákópapagájoknál csupán 34% szerint tanulási folyamat eredménye. A fajtársak felismerésére és a bevésődésre vonatkozó ismeretek rendkívül hiányosak a jákópapagájt tartók körében, e téren széles körű ismeretterjesztésre van szükség.

37. kérdés

Felülírható-e a hibás bevésődés a jákópapagájoknál?

49 réponses

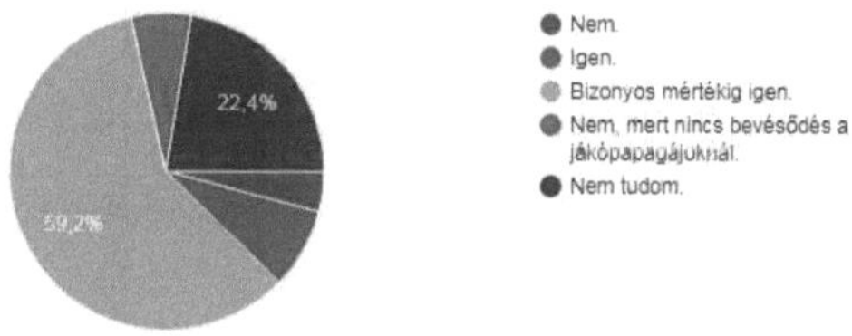

A hibás bevésődésre és a viselkedésproblémás jákópapagájok rehabilitálási lehetőségeire vonatkozóan széles körű ismeretterjesztés szükséges.

38. kérdés

Indokoltnak tartaná a jákópapagájok magányos tartásának a betiltását?

50 réponses

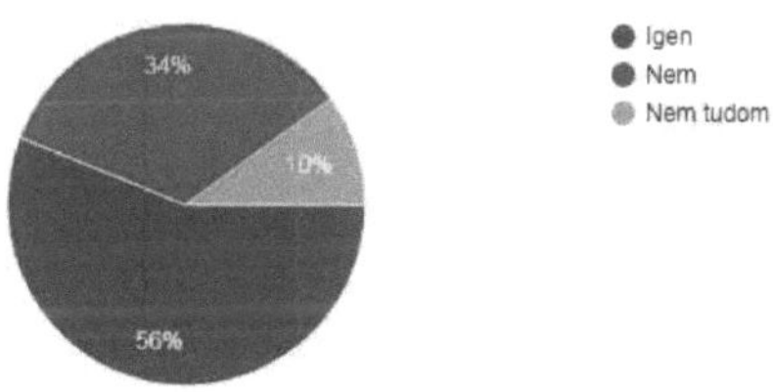

Bár a nagy többség helyesen tudja, hogy a jákópapagájok párban, illetve csapatban élnek, mégis csupán a válaszadóknak csupán az 56%-a tartja indokoltnak a magányos tartásuk betiltását. Ez azt mutatja, hogy sokan nincsenek tisztában azzal, hogy milyen következményekkel járhat a magányos tartás a jákópapagájok esetében.

42. kérdés

Hol helyezne el egy sérült / viselkedésproblémás, bemutatásra és tenyésztésre alkalmatlan, állami tulajdonú jákópapagájt?

48 réponses

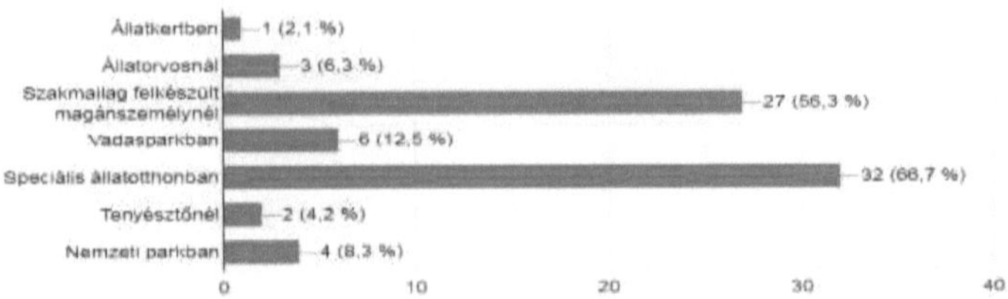

Ezt a közvéleményt tudományos érvekkel alátámasztva az illetékes hatóságok felé is jelezni szükséges.

48. kérdés

Szükséges-e a fogságban tartott jákópapagáj állomány pontos nyilvántartása, nyomon követése?

50 réponses

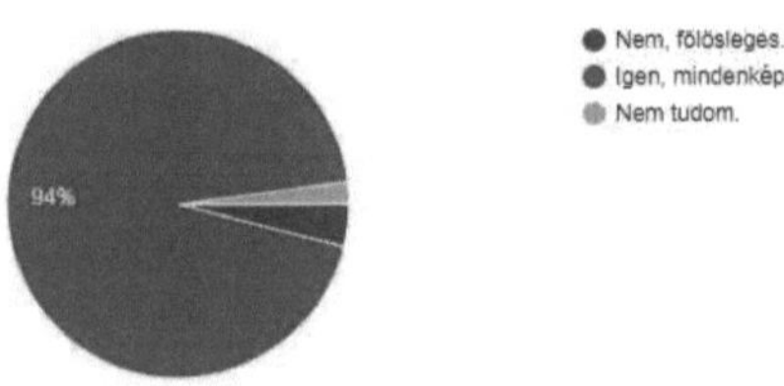

Ezt az igényt jelezni kell az illetékes hatóságok és szervezetek felé.

49. kérdés

Szükséges Ön szerint a fogságban tartott és tenyésztett jákópapagáj állomány stabil alapokra helyzése, hogy újabb vadon fogott példányok beszerzése révén ne legyen szükség "vérfrissítésre"?

50 réponses

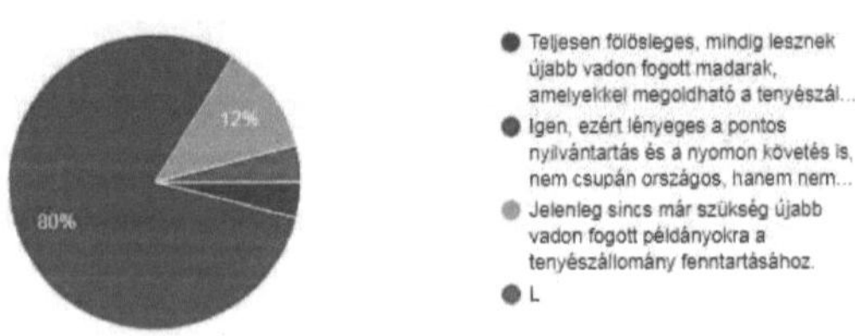

Égetően szükséges lenne mind a magyarországi, mind pedig a teljes európai állomány pontos felmérése és ennek alapján a tenyésztés stabil alapokra helyezése.

<u>50. kérdés</u>

Szükség volna-e legalább a tenyésztők számára szabadon elérhető olyan nyilvántartás létrehozására, amelyben szerepelnek az egyes madarak neme, genetikai adatai valamint az eredetükre vonatkozó információk (a szülők eredete is), hogy ennek alapján tervezhetőbb legyen a faj fogságban tenyésztése?

50 réponses

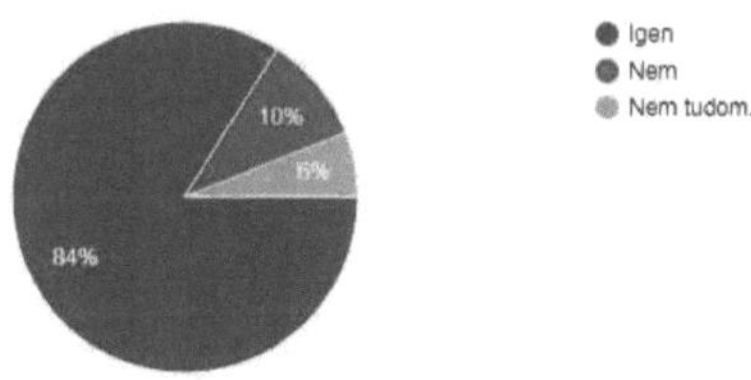

Ezek a válaszok is azt támasztják alá, hogy égetően szükséges lenne mind a magyarországi, mind pedig a teljes európai állomány pontos felmérése és ennek alapján a tenyésztés stabil alapokra helyezése.

<u>51. kérdés</u>

Ön személy szerint hozzá tud járulni valamilyen formában ahhoz, hogy a jákópapagáj faj a természetes élőhelyéről ne tűnjön el teljesen?

30% gondolja azt, hogy igen, mindenképpen, 30% ezzel szemben úgy véli, hogy semmilyen ráhatása nincsen erre, 28% nem tudja.

A jákópapagáj fajvédelmének az elősegítésével kapcsolatban további ismeretterjesztés és szemléletformálás szükséges.

<u>52. kérdés</u> - 60,9% véli úgy, hogy hozzá tud járulni a faj megmentéséhez az által, hogy csak tenyésztőtől vásárol madarat CITES bizonyítvánnyal, 58,7% sérült, beteg, gazdája által megunt madarat fogad be, 56,5% nem vásárol ismeretlen eredetű madarat, 6,5% pedig egyáltalán nem tart jákópapagájt. E téren mindenképp ismeretterjesztés és szemléletformálás szükséges.

A két kérdőívre adott válaszok összehasonlítása:

Kérdés	Ált. kérdőív (70,6% tart papagájt)	Jákós kérdőív (98% tart jákópapagájt)
Jákópapagájok párban v. csapatban élnek	[illegible]	[illegible]
A jákópapagáj magányos tartásának tilalma		[illegible]
A jákópapagáj nem háziasított	71,3%	74%
A szabadon élő papagájok inváziós veszélyt jelenthetnek	34,4%	
Hozzá tud járulni a jákópapagáj fajvédelméhez		30%
Jelöletlen jákópapagájt nem venne meg	29,4%	36%
A jákópapagáj megmentésével kapcsolatban optimista	75,7%	92%
A kereslet csökkentése a fejlett országokban ismeretterjesztéssel	43,1%	58%
Papagájotthon létrehozását támogatja	82,5%	
Szelíd, kézzel nevelt madarak iránti igény	28,8%	100% / 48%
A jákópapagáj szerepe az ökoszisztémában		52%
A fajtársak felismerése tanult a jákópapagájoknál		34%
A bevésődés felülírható		[illegible]
Elhelyezés madárszobában vagy röpdében	[illegible]	[illegible]
A tolltépésnek sok oka lehet, eü. v. pszichés	83,1%	82%

6. Következtetések és javaslatok

6.1. Következtetések

A nemzetközi adatok és a témában folytatott kutatások eredményei alapján nyilvánvaló, hogy a jákópapagájok vadon élő populációinak csökkenése egyrészt az élőhelyeik eltűnésével, másrészt a nemzetközi állatkereskedelemmel függ össze. Egészen 2017-ig, a faj fogságban tenyésztéséhez egyszerűbb és olcsóbb megoldás volt vadon fogott tenyészmadarak beszerzése (lásd a dél-afrikai tenyésztelepek bevett gyakorlatát és a magyarországi behozatalra vonatkozó adatokat 2006-ig). A fogságban tenyésztést és az alkalmazott tenyésztési módszereket alapvetően a hobbiállat piac határozza meg. Ezt támasztották alá a tenyésztők válaszai is a kérdőívemben, mely szerint a vásárlók részéről 100%-ban szelíd madarakra van igény és a tenyésztők háromnegyede ezt a fiókák kézzel nevelésével éri el, egynegyedük pedig azt válaszolta, hogy számára nem fontos, hogy szelídek legyenek a madarai.

A fogságban született, kézzel nevelt jákópapagájoknál gyakran jelentkeznek viselkedési rendellenességek (elsősorban a tolltépés), melyek okai alapvetően a faji sajátosságokra, a fiókák nevelésénél alkalmazott módszerekre és a tartási körülményekre vezethetők vissza (lásd a pszichés alapú tolltépés okait). A kérdőívemben végzett felmérésben résztvevő 80 jákópapagáj 34%-ánál jelentkezett valamilyen viselkedési probléma vagy egyéb rendellenesség, 14 madár volt tolltépős, 10 agresszív az emberrel szemben, 8 kiabálós, 2 „tollhibás" és az érintett madarak 78,4%-a fogságban született. Tény, hogy a fiókák szülőktől történő korai elválasztása és kézzel nevelése a leggyorsabb és legegyszerűbb módja annak, hogy szelídek, hobbiállatként jól eladhatóak legyenek, melyet a kérdőívemre adott válaszok is megerősítettek, azonban ez gyakran hibás szülői bevésődéshez vezet, mely kiirthatatlan nyomokat hagy az egyedben, és élete végéig tart (Csányi, 2002). A tenyésztők egy része már a tojásokat elveszi a szülőmadaraktól és mesterségesen kelteti ki, ami valószínűleg szintén hatással van a fiókákra, mivel különböző madárfajokon (tyúk, sirály, zebrapinty stb.) végzett megfigyelések alapján úgy tűnik, hogy a madárszülők képesek kommunikálni a tojásban lévő embriókkal, és azok fel is fogják az üzeneteket. Sőt, az embriók egymással is kommunikálnak és ennek alapján egyértelmű, hogy a madarak esetében a tojásban töltött idő óriási szerepet játszik abban, hogy később hogyan viselkednek (http20). Értékesítést követően a legtöbb fiókát hobbiállatként magányosan tartják, ennek következményeként pedig a szexuális bevésődés is az emberre történik meg többek között a jákópapagájoknál is, mivel a szülővel (emberrel) való együttélés olyan párválasztási tendenciákat hoz létre, amelyek tartósan fennmaradnak felnőttkorban (Csányi, 2002). Általános etológiai törvényszerűség, hogy a szexuális bevésődés a madaraknál tartós és kizárólagos hatású, valamint azoknál az állatfajoknál, amelyeknél a nőstények[4] és a hímek színezete nem nagyon különbözik - ami igaz a jákópapagájok esetében is -, ott a nőstények is mutatják a bevésődés jelenségét (Csányi, 2002). Ez a kérdőívekre adott válaszok alapján sajnos kevéssé ismert. A válaszadók viszonylag nagy arányban gondolják azt, hogy a bevésődés felülírható, genetikailag kódolt vagy nem létezik a jákópapagájoknál. További érdekes eredmény, hogy a felmérésben részt vett 80 jákópapagájból 28 db magányosan tartott, 40 db párban tartott, 12 db pedig csapatban tartott madár.

Kérdőív: **A 80 madár 65%-a párban vagy csapatban tartott!**

    - 56% (28 fő) x 1 db = 28 magányosan tartott
    - 40% (20 fő) x 2 db = 40 párban tartott
    - 2% (1 fő) x 4 db + 2% (1 fő) x 8 db = 12 csapatban tartott

- Nemek megoszlása: 31 hím, 29 tojó, 3 ismeretlen, 17 madárra nincs válasz
- A fogságban született madarak szüleinek eredete:

Szülők eredete	Madarak száma
Minkét szülő vadon fogott	5
Mindkét szülő fogságban született	16
Vegyes szülőpár	4
Ismeretlen eredetű szülőpár	7
Nincs válasz	48/80

- Viselkedési probléma: 34% esetében ebből 63,6% tolltépés
- Az összes madár 28,7%-ánál viselkedési probléma/rendellenesség
- Az érintett madarak 74,8%-a fogságban született, kézzel nevelt

Az említett hibás bevésődés miatt sok fogságban született jákópapagáj alkalmatlan a tenyésztésre, mivel nem ismeri fel a fajtársait, nem szocializálódott a fajtársai között, nem áll párba, nem költi ki a tojásait, nem neveli az utódait. Vagyis a jelenleg alkalmazott nevelési és tartási módszerek nem feltétlen a legmegfelelőbbek (lásd a dél-afrikai Shady Streams Bird Farm tenyésztelep erre vonatkozó tapasztalatát). Ezzel összefüggésben felmerül az a kérdés is, hogy vajon a jákópapagáj háziasítható-e, hiszen például Beljajev ezüstrókákkal végzett több évtizedes kísérletéhez hasonlóan a szelídségre történő szelekcióval a kézzel neveléshez képest

[4] Madarak esetében tojók.

ugyan hosszabb idő alatt, de hatékonyabb, tartósabb eredményt lehetne elérni, amennyiben a szelídség genetikailag stabilan öröklődő tulajdonsággá válna a fogságban tenyésztett jákópapagájoknál. Mivel azonban a vizsgált faj inkább K strategista jegyeket mutat, hosszú életű, hosszú ideig tart az utódgondozás, rendkívül szociális, későn válik ivaréretté, monogám és párválasztó, ráadásul a fajtársak felismerése nem genetikailag kódolt, a háziasításra irányuló próbálkozások sikeressége igen kérdéses. Ez már csak azért is valószínűsíthető, mert az ehhez szükséges szelekció csak nagy létszámú, több száz, vagy akár ezer madárból álló állomány esetén lenne lehetséges. Ilyen méretű állományok pedig többnyire csak a dél-afrikai tenyészetekben voltak, amelyek hanyatlóban vannak a vadon élő egyedek befogására és kereskedelmére irányuló tilalom 2017-ben történt bevezetése óta.

Tekintve, hogy az említett tilalom a fajnak az IUCN Vörös Listáján való veszélyeztetetté nyilvánítása nyomán született, a fogságban tartás és tenyésztés is nagyobb szerepet kellene kapjon az *ex situ* fajvédelem keretében, melynek szükségességét az IUCN is elismeri és a kérdőívemet kitöltők 98,1%-a is fontosnak tart. Ennek érdekében lényeges volna egy európai szintű, megbízható nyilvántartás létrehozása a fogságban tartott állományokról, melynek szükségességét a kérdőívemre válaszolók jelentős többsége is felismerte.

Sajnos az Agrárminisztérium által kiadott adatok alapján nem állapítható meg a jelenleg Magyarországon bejelentett és nyilvántartott jákópapagájok pontos száma, valamint a tenyésztői bizonylaton, illetve a CITES bizonyítványon feltüntetett adatok is sokszor hiányosak, pontatlanok. A kapott adatok alapján csak következtetni lehet a faj nyilvántartott egyedeinek a számára, ami az IUCN export-import adataival összevetve ellentmondásos. A jákópapagájt tartóknak és tenyésztőknek szóló kérdőív a madarak eredetére vonatkozó kérdéseket is tartalmazott. A kérdőívet kitöltő tenyésztőktől kapott adatok alapján a 7 jákópapagáj tenyészpár átlagos életkora 11,3 év, 1 pár mindkét tagja vadon fogott, a többi pár mindkét tagja fogságban született. A fogságban született madarak szüleinek eredetére vonatkozó kérdésre adott válaszok alapján mindkét szülő vadon fogott 5 madár esetében, mindkét szülő fogságban született 16 madár esetében, az egyik szülő fogságban született, a másik vadon fogott 4 madár esetében, a szülőpár mindkét tagjának ismeretlen az eredete 7 madár esetében és a maradék 48 madárra vonatkozóan nem válaszoltak a kitöltők, vagy azért, mert ezek a madarak mind vadon fogottak, vagy egyszerűen csak nem akartak válaszolni erre a kérdésre. Azonban ezek az adatok nem reprezentatív mintából származnak, erre vonatkozó megbízható információkat csak egy pontos és naprakész nyilvántartás révén lehetne kapni.

A válaszadók jelentős része szerint is indokolt a jákópapagájok *in situ* és *ex situ* védelme és szükség van fajvédelmi programra, a fogságban tartott állomány pontos nyilvántartására, a fejlett országokban ismeretterjesztő kampányokkal csökkenteni lehetne a keresletet, nemzetközi megállapodásokban tiltani kell a vadon fogást és fontos lenne a vadon fogott példányok nélkül is fenntartható, stabil tenyészállományok létrehozása is. A faj megmentésével kapcsolatban a válaszadók bizakodóak voltak, egy papagájmenhely létrehozását pedig kifejezetten támogatták. A válaszadók arra kérdésre, hogy hol lenne a legmegfelelőbb egy sérült, viselkedésproblémás, bemutatásra és tenyésztésre alkalmatlan, állami tulajdonú jákópapagáj elhelyezése, nagy többségben a speciális állatotthont (66,7%) és a szakmailag felkészült magánszemélyeket (56,3%) jelölték meg, a vadasparkban, nemzeti parkban, állatorvosnál, tenyésztőnél, illetve állatkertben történő elhelyezést csupán néhány százalék tartja megfelelőnek. Ezen a téren a fajvédelem és az állatvédelem ütközik egymással, hiszen a hatályos jogszabályok értelmében jelöletlen és következésképpen ismeretlen eredetű jákópapagájt magánszemély nem tarthat. Az ilyen példányok automatikusan állami tulajdont képeznek és elhelyezésüket a hatályos jogszabály értelmében állatkertben vagy vadasparkban oldják meg annak ellenére, hogy ezek a madarak gyakran fogságban született, emberre imprintálódott, viselkedésproblémás, sérült madarak és az említett létesítmények nem rendelkeznek megfelelő apparátussal a gondozásukra.

A papagájokra vonatkozó általános kérdésekre közül voltak olyanok, amelyek esetében további ismeretterjesztésre, szemléletformálásra van szükség mind a nagyközönség, mind pedig a papagájtartók körében. Ezek a kérdések érintik például az Európában egyre inkább elszaporodó, potenciálisan inváziós papagájfajok hatását az őshonos flórára és faunára, valamint a mezőgazdasági és egyéb kártételeiket, de sok esetben a papagájok tartásának és takarmányozásának az alapelveivel sem voltak tisztában a válaszadók, ezért hiánypótló munka lenne egy tájékoztató anyag a papagájok számára mérgező és ártalmatlan növényekről.

A jákópapagájokra vonatkozó ismeretek is gyakran hiányosak, ezek közül kulcsfontosságú az alábbi információk terjesztése: A jákópapagáj a papagájmenhelyeken legnagyobb számban előforduló faj és ezek az egyedek általában számos viselkedésproblémával, elsősorban tolltépéssel küzdenek. Ezt a vösendorfi ARGE Papagájmenhely munkatársai is megerősítették, ahol legutóbbi látogatásomkor hozzávetőleg 180 papagáj élt, közülük mintegy 45 jákópapagáj volt és ez utóbbiak 80%-a esetében tapasztaltak pszichés eredetű tolltépést. Mivel a jákópapagáj a természetes élőhelyén költés idején párban, egyébként csapatban él, magányos tartása állategészségügyi és állatvédelmi szempontból is megkérdőjelezhető. Ausztriában egyébként törvény tiltja a papagájok magányos tartását. A jákópapagájok a fajtársaikat egy tanulási folyamat eredményeként ismerik fel, így bizonyos kézzel nevelési módszerek (amelyek a szelíd egyedek eladhatóságát szolgálják) valamint a magányos tartás

gyakorlatilag hibás bevésődésű, örök életükre viselkedészavaros példányokat eredményezhet. A fogságban tartott egyedek kötelező jelölésére és bejelentésére, továbbá a jelöletlen példányok tartásának és értékesítésének következményeire szintén fontos volna felhívni a jelenlegi és jövőbeli tenyésztők és vásárlóik figyelmét.
A jákópapagájok hobbiállatként tartásával összefüggésben megfontolandók továbbá az Európa Tanács által 1987-ben a társállatok védelméről elfogadott európai egyezményben foglaltak. Az egyezmény preambuluma kimondja, hogy nem kellene ösztönözni a vadon élő állatok egyedeinek társállatként történő tartását, a társállatok tartási feltételei nem mindig teszik lehetővé ezen állatok egészségének és jólétének az elősegítését, valamint a társállatok iránt tanúsított magatartás jelentősen változó, esetenként az ismeretek vagy a tudatosság hiánya miatt. Az egyezmény 3. cikkének 3. pontja úgy rendelkezik, hogy egy állatot nem szabad társállatként tartani, ha nem teljesülnek ugyanezen cikk (2) bekezdésében meghatározott feltételek, vagy ha e feltételek teljesülnek, de az állat nem képes alkalmazkodni a fogsághoz.

6.2. Javaslatok

A faj illegális kereskedelmének a visszaszorítása továbbra is fontos kérdés, a vadon élő példányok befogására és kereskedelmére irányuló, 2017 óta érvényes tilalom ellenére is. Bár Európába 2007 óta egyáltalán nem lehet vadon fogott madarakat importálni, illegális csatornákon keresztül továbbra is érkeznek vadon fogott jákópapagájok, valamint előfordul, hogy a jelölési és bejelentési kötelezettség ellenére is eladásra kínálnak ismeretlen eredetű, jelöletlen példányokat. A lehetséges megoldások közé tartozik az ellenőrzések fokozása akár állatbörzéken is (jelölés, CITES bizonyítvány). Fontos lenne továbbá a nagyközönség körében végzett tájékoztatás és szemléletformálás (például a fajt bemutató rendezvényekkel, játékos formában vetélkedőkkel, kvízkérdésekkel, természetfilmekkel stb.). A fogságban tenyésztés fenntarthatóvá tételének egyik feltétele egy európai adatbázis létrehozása, amelyben naprakész nyilvántartást vezetnek és szerepelnek az egyedi azonosításra és a származásra vonatkozó genetikai információk is. Lényeges lenne az egyes országokban található állományok helyzetére vonatkozó európai szintű felmérés, például a Birdlife International (http21) és a CITES európai központja (http22) segítségével. Továbbá egy átfogó *ex situ* fajvédelmi együttműködés létrehozása a különböző szereplők között. A tartási körülmények és tenyésztési módszerek fejlesztése (a faji sajátosságok és az állatvédelmi szempontok alapján a tartási feltételek szigorítása pl. a kötelező minimális röpdeméret pontos előírása és ellenőrzése, a magányos tartás tilalma, a faj tartásának képesítéshez vagy külön engedélyhez kötése révén, a hibás bevésődés elkerülésére alkalmas fiókanevelési módszerek kidolgozása).

Végső esetben nem tartom elképzelhetetlennek akár a jákópapagáj veszélyes fajjá nyilvánítását, vagy a faj tartásának teljes tilalmát sem magánszemélyek számára.
Fontos lenne egy olyan irányú, széleskörű szemléletformálás, melynek révén tudatosítható, hogy a hobbiállat kereskedelem, vagyis mind a vadon fogott, mind pedig a fogságban született jákópapagájok beszerzése végső soron az élőhelyen történő vadon fogást ösztönzi, illetve a fogságban tartási módok gyakran állatjóléti szempontból aggályosak, ezért a faj védelme szempontjából a leginkább elfogadható út az, ha megunt, sérült madarat fogad be, aki nagyon szeretne jákópapagájt tartani, de kizárólag akkor, ha megfelelő körülményeket tud biztosítani a madár számára. Erre a típusú szemléletformálásra kiváló példák többek között a Wildlife Messengers (http23) által készített természetfilmek (Papagáj expedíció Amazóniában, Az indonéz papagájprojekt), a Papagájvilág Alapítvány (http24) ismeretterjesztő munkája és Elaine Henley által a jákópapagáj természetes élőhelyén történő megfigyelésére szervezett utazások.
Magyarországon jelenleg sajnos nincsen hivatalos papagájmenhely, noha szükség lenne ilyen intézményre, akár többre is, amelyek néhány fajra specializálódva működnek, tekintettel a különböző papagájfajok nagyon eltérő igényeire és együtt tartásának korlátaira. A sérült, viselkedésproblémás jákópapagájok magyarországi rehabilitálása keretében többek között az Ausztriában, Vösendorfban működő ARGE papagájmenhely (http24) tapasztalatait, a jákópapagájok közösségbe integrálásában elért németországi eredményeket, a kameruni Limbe Wildlife Centre (http5) illegális kereskedelemből elkobzott jákópapagájok rehabilitálása és visszatelepítése terén szerzett gyakorlatát valamint valamint a Los Angelesben működő papagájmenhely sérült, mentett papagájok és PTSD-ben szenvedő humán betegek közös rehabilitálása terén alkalmazott gyakorlatot (Lindner, 2018) is érdemes lenne alapul venni.

7. fotó: Tolltépős jákópapagájokat videózok a vösendorfi ARGE papagájmenhelyen

7. Összefoglalás

A jákópapagáj fogságban tartásának, tenyésztésének nehézségeit és problémáit a nemzetközi szakirodalom alapján bemutattam. Ennek alapján egyértelművé vált, hogy a fogságban született jákópapagájoknál viszonylag gyakran jelentkező viselkedési rendellenességek hátterében sokszor meghatározó szerepet játszanak a tartási körülmények és a madarat fióka korban ért hatások, azonban a pontos ok-okozati összefüggések feltérképezése még koránt sem teljes.

A kérdőívek segítségével felmértem, hogy a papagájok és hozzájuk kapcsolódó problémák mennyire ismertek a nagyközönség körében és mely területeken szükséges további ismeretterjesztés, szemléletformálás. A kérdőívezés és a kvízkérdések játékos formában történő alkalmazása úgy tűnik, hogy bevált és működőképes eszközként alkalmazható a továbbiakban mind az adatgyűjtésben, mind pedig az ismeretterjesztésben.

A magyar jogszabályok tartási, tenyésztési, állatjóléti szempontból elvileg viszonylag magas szintű védelmet biztosítanak általában a papagájok és a vizsgált faj védelmére, azonban a rendelkezések végrehajtása és betartatása terén vannak hiányosságok, valamint néhány fajspecifikus intézkedés kidolgozása is szükséges lenne. Az illegális kereskedelem visszaszorítása szempontjából fontos a fogságban tenyésztés nyomon követhetősége és vadon fogott példányok nélküli fenntarthatósága, ami pontos, naprakész nyilvántartást feltételez, nem csupán országos, de nemzetköz szinten is, genetikai adatokat is tartalmaz és kizárja az esetleges visszaéléseket. Az erre irányuló igényt a kérdőívemre válaszolók is megerősítették.

Kihasználva a jákópapagáj ismertségét és népszerűségét, a kérdőívekkel kapott adatok és információk, valamint a jákópapagáj állomány helyzetének országos és európai szintű felmérése alapján, kiterjesztett és célzott tájékoztatás és szemléletformálás, valamint a vonatkozó szabályozás, a tartási és tenyésztési feltételek és módszerek fejlesztése révén elért eredményeket más, fogságban tartott, de kevésbé ismert vagy népszerű papagájfajok (arapapagájok, amazonpapagájok, kakaduk, nemespapagájok) esetében is alkalmazni lehetne nem csupán Magyarországon, de egész Európában. Így akár e papagájfajok hosszútávon fenntartható fogságban tenyésztése, akár általában véve az élőhelyükről eltűnő félben lévő, egzotikus nagypapagájok, mint hobbiállatok iránti keresletnek legalább a fejlett országokban történő visszaszorítása révén, az *in situ* fajvédelemmel párhuzamosan alkalmazva csökkenteni lehetne e fajok veszélyeztetettségét a természetes élőhelyükön. Ily módon talán nagyobb sikerrel lenne elkerülhető több kihalással veszélyeztetett papagájfaj végleges eltűnése, kipusztulása, vagyis végső soron a biodiverzitás csökkenése.

8. Köszönetnyilvánítás

Köszönettel tartozom TDK dolgozatom témavezetőinek, **Tóthné dr. Maros Katalinnak, dr. Penksza Károlynak**, valamint **dr. Oláh Györgynek**, akik véleményeikkel és javaslataikkal segítették munkámat és minden szakmai és gyakorlati kérdésben rendelkezésemre álltak.

Szeretném megköszönni a segítséget a **Papagájvilág Alapítványnak**, a **vösendorfi ARGE Papageienschutz papagájmenhelynek**, a győri **Arrabona Díszmadár- és Kisállattenyésztők Egyesületének**, valamint az **Agrárminisztérium Biodiverzitás- és Génmegőrzési Osztálya** és a **Fővárosi Állat- és Növénykert** valamennyi munkatársának.

Emellett szeretném kifejezni köszönetemet **mindazoknak,** akik az internetes kérdőíveim kitöltésével hozzájárultak a felmérésem sikerességéhez.

Szeretnék továbbá köszönetet mondani valamennyi tanáromnak, barátomnak és ismerősömnek, akik végig segítettek és támogattak természetvédelmi mérnöki tanulmányaim és TDK dolgozatom megírása során, valamint abban, hogy e mű megjelenhessen.

9. Irodalomjegyzék

Aydinonat, D., Penn, D. J., Smith, S., Moodley, Y., Hoelzl, F., Knauer, F., Schwarzenberger, F. (2014), Social Isolation Shortens Telomeres in African Grey Parrots (*Psittacus erithacus erithacus*) PLOS One 9(4): e93839

Chitty, J., (2003) Feather plucking in psittacine birds 2, Social, environmental and behavioural considerations, In Pract. 25:550-555

Clubb SL, Cray C., Arheart KL., Goodman M. (2007), Comparison of selected diagnostic parameters in African grey parrots (*Psittacus erithacus*) with normal plumage and those exhibiting feather damaging behavior, Journal of Avian Medicine and Surgery 21(4):259-264

Convention on International Trade in Endangered Species of Wild Fauna and Flora, Seventeenth meeting of the Conference of the Parties Johannesburg (South Africa), 24 September –5 October 2016, Consideration of Proposals for Amendement of Appendices I and II, CoP17 Prop. 19

Costa, P., Macchi, E., Tomassone, L., Ricceri, F., Bollo, E., Scaglione, F. E., Tarantola, M., De Marco, M., Prola, L., Bergero, D., Schiavone, A. (2016), Feather picking in pet parrots: sensitive species, risk factor and ethological evidence, Italian Journal of Animal Science 15:473-480

Csányi, V. (2002), Etológia, Nemzedékek Tudása Tankönyvkiadó

Dennison, D. T. (2004), A nutritional and financial evaluation of breeding African Grey parrots (*Psittacus erithacus*), University of Stellenbosch, Departement of Animal Science

Diamond, J., Bond, A. B. (1999), Kea, bird of paradox, the evolution and behavior of a New Zealand parrot. University of California Press, Berkeley, CA.

Forshaw, J. M., Parrots of the world, TFH Publications Inc. (1998), 10:0876669593, 13: 9780876669594

Fotso, R., (1998), Étude sur l'état, la répartition géographique et l'utilisation du perroquet gris (*Psittacus erithacus*) dans la République démocratique du Congo

Fox, R. (2006), Hand rearing: Behavioral Impacts and Implications for Captive Parrot Welfare, Physiology and Behavior, Manual of Parrot Behaviour: 59-62, Blackwell Publishing

Garner MM, Clubb SL, Mitchell MA, Brown L. (2008), Featherpicking psittacines: histopathology and species trends, Veterinary Pathology, 45:401-408

Glendell, G. (2008), African Greys The Birdkeepers' Guides, TFH Publications, Inc.; 1st edition

Harcourt-Brown, N. (2003), Incidence of juvenile osteodystrophy in handreared grey parrots (*Psittacus e. erithacus*), Veterinary Record 152(14):438-439

Hart, J. (2013), Congo's quintessential parrot. *PsittaScene* Winter: 16-19

Jayson, S., Williams, D., Wood, J. (2014), Prevalence and Risk Factors of Feather Plucking in African Grey Parrots (*Psittacus erithacus erithacus* and *Psittacus erithacus timneh*) and Cockatoos (*Cacatua* spp.), Journal of exotic pet medecine 23(3):250-257

Lantermann W. (1989), Modifikation und Störungen des arteigenen Verhaltens bei Grosspapageien in Menschenobhut, Der praktische Tierarzt 11:5-12

Lindner, L. (2018), Birds of a feather: A True story of hope and the healing power of animals, St.Martin's Press

Martin, R.O., Gilardi J.D., Johnson, R., Kariuki Ndang'ang'a, P., Fotso, R. C., Drori, O. and Perrin, M. (2014), Grey parrot Psittacus harvesting for conservation must have a robust scientific basis: Commentary on Tamungang et al. (2013). 2014. Grey parrot Psittacus harvesting for conservation must have a robust scientific basis: International Journal of Biodiversity and Conservation, 6(11), 750–753

Martin, R.O., Hart, J., Hart, T., Salumu, L., Bernard, A., Abani, R. (2016), Increasing exploitation of Grey Parrots in eastern DRC drives population declines. Oryx 50: 16

Martin, R. O., Senni, C., D'Cruze, N. C. (2018), Trade in wild-sourced African grey parrots: Insights via social media, Global Ecology and Conservation 15:e00429

McGowan, P. (2001), Status, management and conservation of the African Grey Parrot *Psittacus erithacus* in Nigeria, CITES Secretariat, Geneva

Mellor, E., Brilot, B., Collins, S. (2018), Abnormal repetitive behaviours in captive birds: a Tinbergian review - / Applied Animal Behaviour Science 198:109–120

Oláh, T. (2019), A jákópapagáj *(Psittacus erithacus) ex situ* védelme, SZIE MKK

Pepperberg, I. M. (1994), Numerical competence in an African gray parrot *(Psittacus erithacus)*. Journal of Comparative Psychology, 108(1): 36-44

Pepperberg, I. M. (1999), The Alex Studies: Cognitive and Communicative Abilities of Grey Parrots, Current Directions in Psychological Science 11(3):83-87

Pepperberg, I. M. (2005), Number Comprehension by a Grey Parrot *(Psittacus erithacus)*, Including a Zero-Like Concept, Journal of Comparative Psychology, Vol. 119(2):197–209

Schmida, R., Doherrb, M. G., Steigera, A. (2006), The influence of the breeding method on the behaviour of adult African grey parrots (*Psittacus erithacus*), Applied Animal Behaviour Science 98:293-307

Rosenthal KL, Morris DO, Mauldin EA, Ivey S., Peikes H. (2004), Cytologic, histologic and microbiologic characterization of the feather pulp and follicles of feather picking psittacidnes: a preliminary study, J Avian Med Surg. 18:137-143

UNEP-WCMC, 2016. CITES Trade Database. Cambridge, UK Elérhető: http://trade.cites.org/ (2019)

Rowley, I. (1990), Behavioural ecology of the galah, Eolophos roseicapillus: In the weatbelt of Western Australia, Chipping Norton, NSW: Surrey Beatty

Van Zeeland YR, Spruit BM, Rodenburg TB, Riedstra B, Van Hierden YM, Buitenhuis B, Lumeij JT (2009), Feather damaging behaviour in parrots: a review with consideration of comparative aspect, Appl. Anim. Behav. Sci. 121:75-95

Van Zeeland YRA, Bergers MJ, van der Valk L, Schoemaker NJ (2013), Evaluation of a novel feather scoring system for monitoring feather damaging behaviour in parrots, Vet. J. 196:247-252

Weboldalak:

http1: http://www.papageienschutz.org/
http2: https://www.iucnredlist.org/
http3: www.dreamstime.com
http4: https://www.iucnredlist.org/species/22724813/129879439#geographic-range
http5: https://www.youtube.com/watch?v=jyki7LdDNfY
http6: http://limbewildlife.org/african-grey-parrots-under-threat
http7:http://www.birdlife.org/?gclid=Cj0KCQjwoKzsBRC5ARIsAITcwXHaqD0o2JGTg0Z6IkGgzxTcLLw3tUksaXENatC9TOE_cZJX_FlEd7YaApkREALw_wcB
http8: https://www.youtube.com/watch?v=DId2o9jGxPw
http9: https://www.thedodo.com/in-the-wild/african-grey-parrot-pet-trade?fbclid=IwAR3cY8JoEu0ZUcskq5HAOUV-yv4-E_qB60LSqW9CAShwReoOjoSyOlObphc
http10: https://www.nationalgeographic.com/news/2018/05/why-the-world_s-most-popular-parrot-could-become-the-rarest/?fbclid=IwAR2XuDHjaHf0_Dldm5EIbKISBGsvoNuUSaWAlCop0JkHM1i7Gw5jN1P5USs
http11: https://www.parrots.org/parrot-blogger/focus-on-angola-new-efforts-to-tackle-parrot-trafficking-in-the-congo-basin?fbclid=IwAR2Oe7qJYwyPW542STlYUKv6I6rnJaq1ENx0XesxHg7fTQums0H4cvG_76M
http12: https://www.humanesociety.org/news/no-fly-zone?fbclid=IwAR3WFogKKUgkQOZgW5099N8C7gCeCxCx2v711GVhTHL3KBb7YqVZXOnMEGw#.XC57JPOjB5k.facebook
http13: https://www.smithsonianmag.com/science-nature/save-endangered-species-should-we-bring-them-our-cities-180970611/
http14: https://www.parrots.org/parrot-blogger/ending-the-illegal-trade-in-african-parrots
http15: https://www.busiweek.com/airlines-facilitating-illegal-wildlife-trade-says-report/?fbclid=IwAR3gkx7FVYKNd9JucndakArtdWbhQXy-Le67OJfFf4bdqFag_WE4zYxO11U
http16: https://www.nationalgeographic.com/news/2016/02/160205-african-grey-parrots-wildlife-trafficking-ghana-extinction/?fbclid=IwAR36f9TrFMOSICdcnsWHBlJy9aqQU9JukQ1VobBqih_0q9najdLin-xhbZo
http17: http://www.cites.hu/kapcsolat.html
http18: https://forms.gle/W3N2Ygh7wn2bMqWK6
http19: https://forms.gle/wWQaTeQHGGYuutug7
http20: https://ipon.hu/magazin/cikk/a-madarak-mar-a-tojasban-is-kommunikalhatnak-egymassal
http21: http://www.birdlife.org
http22: http://trade.cites.org/
http23: https://wildlifemessengers.org/
http24: http://www.papagajvilag.hu/

MIX
Papier aus verantwortungsvollen Quellen
Paper from responsible sources
FSC® C105338

Printed by Books on Demand GmbH, Norderstedt / Germany